川内イオ
Io Kawauchi

常識を超えて「おいしい」を生み出す10人

1キロ100万円の塩をつくる

ポプラ新書
199

はじめに

ビニールハウスのなかには、長方形の木箱がずらっと並んでいる。その木箱には海水が入っていて、たくさんのアーモンドが浮かんでいたり、藁《わら》が敷き詰められていたり、カニの甲羅が沈んでいるものもある。これらは天日と風に晒されて、「塩」になる。

2018年4月、高知県田野町《たのちょう》で日本唯一の「オーダーメイドの塩」をつくっている「田野屋塩二郎《たのやえんじろう》」の取材に訪れた時、僕は想像もしなかったその光景に目を奪われた。

2009年に「田野屋塩二郎」の屋号を掲げて塩をつくり始めた佐藤京二郎さんは、それまで誰も手掛けたことがない「注文に応じて、味や結晶の大きさを変えるような塩のつくり分け」に挑んだ。それが国内外の料理人に広まるとすぐに引っ張りだこになり、ウェイティングリストができる職人になった。

これまでに佐藤さんがつくった最高値の塩は、1キロ100万円。それがどういう塩かは239ページから始まる佐藤さんの物語を読んでほしいのだけど、僕はその金額を聞いて仰天すると同時に、大きなポテンシャルを感じた。

欧州で「黒いダイヤ」と称されるトリュフに、1キロ100万円の値がついたというニュースを見たことがある。塩は日用品で、安価なイメージがあるけど、自由な発想と確かな技術、さらに度胸があれば、高級食材のトリュフと同じ土俵に立つことができるのだ。

佐藤さんは365日、塩と向き合い、腕一本で「オーダーメイドの塩」の市場をつくり出した。そうすることで、塩の可能性を広げた。

「生産者が上に立つような仕事、商品というのが面白いし、そういう商売のやり方が幸せなんじゃないですかね。汗流してるやつが一番上に立たなきゃいけないですよ」

塩の世界に革命を起こした佐藤さんの言葉は、僕の脳裏に深く刻まれた。

その4カ月後、僕は兵庫県の丹波市にいた。2016年に緑豊かな甲賀山の麓にパン工房「HIYORI BROT（ヒヨリブロート）」を立ち上げたパン職人、塚本久美さんの取材だった。

周囲はのどかな田園地帯で、人の姿はほとんど目に入らない。耳に届くのは、風のざわめきと鳥の鳴き声ぐらい。そんなところでパン屋？　と疑問に思うかもしれないが、ヒヨリブロートは、全国的にも極めて珍しい通信販売専門のパン屋さんなのである。

東京都内の有名なパン屋さんで修業していた時、塚本さんには残念に感じていることがあった。パン職人の仕事は早朝から始まるハードな肉体労働だから、腕利きの女性の先輩たちが、結婚や出産を理由にパンづくりから離れていく。それはもったいない！　塚本さんは独立を考えた時に、「結婚しても、出産しても、ひとりでも続けられること」を考えて、通販専門という形を選んだ。しかも、販売するパンは数が違う3種類の「おまかせセット」のみ。店舗のない、お客さんがパンを間近に見ることも、好みで選ぶこともできないパン屋は異色の存在だろう。

果たしてその行方は？　開業以来、塚本さんは日本全国を巡り、こだわりの農産物をつくっている生産者とコラボし始めた。そのパンが大人気になり、現在、ヒヨリブロートのパンは3年待ち。塚本さんはフェイスブックやインスタグラムをお客さんとの接点として活用していて、特に不自由もないという。最近、チョコレートなど農産物以外のおいしいものをつくっている友人や知人とコラボしてネットで販売しているが、それもすぐに売り切れる。店舗のないパン屋さんは、オンラインで大盛況なのだ。

塚本さんは、自らの手で「店舗がないパン屋さん」の可能性を示した。さらに、女性に限らず、世の中のすべてのパン職人に、これまでにない働き方を提示している。

田野屋塩二郎の佐藤さんと、ヒヨリブロートの塚本さんに立て続けに取材をした僕は、ドキドキしながらこう思った。

「今、食の分野で単なる『おいしい』を超えた、新しい挑戦をする人たちが出てきている！　日本のあちこちで、常識を覆すような小さな革命が起きているのかもしれない！」

ここで簡単に自己紹介すると、僕は「稀人《まれびと》ハンター」という肩書で、ジャンルを問わず、「規格外の稀な人」を追いかけて、取材をすることを生業にしている。

稀人ハンターに不可欠の仕事のひとつであり、僕が最も得意としているのは「稀な人」を発掘すること。塩の佐藤さんとパンの塚本さんに会ってから、僕は常識に縛られないアイデアと、圧倒的な行動力で「食べもの」の世界に旋風を巻き起こしている人たちを探し始めた。飲食店や料理人ではなく、佐藤さんや塚本さんのように「おいしいものづくり」をしている人たちが対象だ。

改めて「食べもの」の世界に注目するようになってわかったのは、日本にはおいしいものが溢れているということだった。行列のできる……即完売の……予約が取れない……などの言葉をメディアで目にしない日はない。その「おいしい」情報の洪水のなかで、僕が着目していたのは、マーケティングやプロモーションといったビジネス的なテクニックではなく、とんでもなく熱い想いや大胆不敵な思い付きをもとにチャレンジしているか。それがいかに果敢で、周囲や業界にどういう変化を巻き起こしているのかも注視した。

目を皿のようにして情報の海を泳ぎながら、「この人は!」と思う人が見つかると、取材を申し込んだ。塩の佐藤さん、パンの塚本さんの取材を含め、僕が2年かけて出向いたのは、宮城県の鳴子温泉郷から沖縄の南大東島まで、日本全国10の地域。この書籍は、そこで常識を超えて「おいしい」を生み出そうと奮闘する10人の物語である。

10人がつくっているものを、挙げてみよう。塩、パン、チーズ、おはぎ、ジェラート、ピーナッツバター、お茶、コーラ、ワイン、ラム酒。我ながら、バラエティー豊かだと思う。

それぞれの取り組みや目指しているものは違うけど、共通していることもある。彼ら、彼女らの「おいしいものづくり」は、たったひとりから始まったということだ。この本に登場する10人の言葉や行動を見たり、聞いたりしてから、僕はこう思うようになった。

「ひとりの強い想いは、不可能を可能にする」

例を挙げよう。

チーズ職人の柴田千代さんは自分の工房を持っているが、営業日は月に1日。定休日ではなく、営業日である。なぜ月イチ営業にしたのかは188ページから始まるストーリーを楽しんでいただくこととして、彼女は開業から3年で、女性職人として史上初めて日本一になった。

ジェラートの職人、大澤英里子さんは、故郷の鳴子温泉郷でジェラートのお店を開こうとした。銀行に融資を申し込みに行ったら、「鳴子ってすごい雪が降るでしょ。そんな雪の降るところでジェラートですか?」と鼻で笑われた。その後、彼女はジェラート界で知らぬ人のいない存在になっている。

小林隆英さんは、たまたまネットで見つけた真偽も定かじゃないコカ・コーラのレシピを見て、自分でコーラをつくり始めた。それが楽しくて、大手広告代理店を退職し、自力で完成させたコーラに懸けた。そのコーラは今、大きな注目を集めるようになっている。

ここに挙げた3人だけでなく、10人全員がはたから見れば無謀な夢追い人かもしれない。前例がなく、売れるかどうかも未知数。そして、孤独。それでも、それぞれの強烈な「想い」を胸に抱えて怒濤の勢いで突き進む。その結果として、これまでにない市場を拓き、業界で突き抜けた存在になるのだ。

ひとりひとりの経営規模や売り上げは、まだ小さいかもしれない。でも、彼ら、彼女らの革新的なアイデアやユニークな取り組みは、間違いなくビジネスのヒントになるはずだ。同業者なら取り入れられるところはたくさんあるだろうし、異業種の人にとっても刺激になることが満載だと断言しよう。

僕は10人の生きざまも、読者の参考になると確信している。新型コロナウイルスの発生は、きっとたくさんの人の人生観を変えるインパクトがあった。東京の繁華街から人の姿が消えた時、僕は「……映画の世界みたいだ」と慄《おのの》いた。人生なにが起きるかわからないとよく言うけれど、コロナはそれを強く実感させた。ステイホームしながら、自分の人生を振り返った人も多いはずだ。

コロナウイルスは日本の旧態依然としたシステムを浮き彫りにし、経済をズタズタにした。報道によれば、2020年の企業の休廃業や解散は前年比15%増の5万件に達すると予想されていて、失業者も右肩上がりで増え続けている。この状態がV字回復する要素も、見込みもない。

僕が好きな作家、村上龍の小説『希望の国のエクソダス』で、中学生が「この国には何でもある。本当にいろいろなものがあります。だが、希望だけがない」と言うシーンがある。今、鈍色の分厚い雲が立ち込めるように、先の見えない不安が渦巻いている日本に必要なものは、まさに希望だろう。

「面白い!」とワクワクしながら始めたこの取材を通して、僕はそれぞれの勇気に励まされ、その想いに胸が熱くなった。彼ら、彼女らがつくる「おいしいもの」は、小さな希望の光を宿している。それはまるで寒くて暗く荒れた海で見た灯台の明かりのようで、僕はインタビューをしながら、何度か涙を堪えた。

大げさかもしれないし、独りよがりに聞こえるかもしれないけど、この時代、この時期だからこそ、10人の冒険の物語を広くシェアしたい。そうする意味があると思って、この本をまとめました。ぜひ、ご一読ください。

1キロ100万円の塩をつくる
常識を超えて「おいしい」を生み出す10人／目次

第2章　世界で唯一のものをつくる　91

第1章

小さな経済圏から広げていく

通販専門で3年待ち。全国から食材が集まり、小さな経済圏を築くパン職人

ヒヨリブロート　塚本久美

京都の福知山駅から車でおよそ40分。兵庫県丹波市に入り、のどかな田園地帯を抜けていくと、緑が眩しい甲賀山の麓に小さなパン工房がある。そこには、日本全国から個性的な食材が届く。ある日は、青森のリンゴ農家がつくったライ麦。またある日は、八ヶ岳の標高1000メートルの畑で穫れた無農薬栽培の巨大なビーツ。時には、台風で停電になり、冷蔵庫が使えなくなった千葉の農家から、ニンジン10キロ。

頭をひねり、あの手この手で、これらの食材を使ったパンを創作するのは、塚本久《つかもとく》美《み》さん。2016年、全国的にも珍しい通販専門のパン屋「HIYORI BROT（ヒヨリブロート）」を立ち上げたパン職人だ。ちなみに、現在はパンの注文を受け付けていない。すでにこの先3年分の注文で埋まっている大人気店なのである。時折、イベントに出店したり、新しくつくったパンをネットで販売したりするが、それもあっという間に売り切れてしまう。

どんなに食べたくても、なかなか手に入らない。この「幻のパン」を生み出した塚本さんがどんな人なのか気になって、某日、東京から片道6時間かけて工房を訪ねると、晴れやかな笑顔で「こんにちは！」と迎えてくれた。

これは僕の偏見かもしれないけど、パンに限らず、人気店の職人というとこだわりが強くて気難しそうなイメージがある。度重なる取材に飽きて、つまらなそうに受け答えされたらどうしようという怖さもある。でも、塚本さんはとてもオープン＆フレンドリーで、思考もユニークで面白い。映画『ワンス・アポン・ア・タイム・イン・ハリウッド』でブラッド・ピットがトレーラーハウスに住んでいるのを見て憧れて、オーダーメイドしたトレーラーハウスに住み始めたと聞いた時は、本当に驚いた。

それにしても、なぜ、塚本さんのところに多様な食材が集まってくるのか？　あるいは、集めているのか？　これは「パンづくりは、材料ありき」「パンはひとつのメディア」と話す、ちょっと変わったパン屋さんの物語である。まずは、リクルートを辞めてパン職人になった塚本さんの歩みを振り返ろう。

うまい棒で就職

今から十数年前。明治大学に通っていた頃の塚本さんは、勉強の虫だった。

「ある先生が授業中に、うまい棒の長さが為替で変わるのを知ってるか？　という話をしていて。うまい棒ってずっと10円じゃないですか。でも原料は輸入してるから、為替の変動によって大きさが変わるんだと。それまで経済には興味なかったんだけど、こんな小さいところにも影響があるんだと知って、そこから勉強が面白くなりました」

うまい棒は、彼女の就活を左右した。どんな仕事がしたいのかわからないまま、とりあえず場数を踏もうと受けたリクルートでうまい棒の話をしたところ、とんとん拍子に面接が進み、何度も面接官に「うまい棒の話ってなんですか？」と尋ねられ、その都度、説明した。加えて、子どもの頃から日本のモノづくりに興味を持っていた塚本さんは、日本のトイレの製造技術の高さについても面接で熱弁。うまい棒とトイレの話で毎回盛り上がり、気づけば採用通知が届いていた。

某大手トイレメーカーからも採用の連絡を受けていた塚本さんは、父親に尋ねた。

「どっちが面白いと思う？」

「なに言ってんや！　トイレ売ってるよりリクルートのほうがおもろいやろ！」

「そうだよねぇ」

こうして2005年の春、リクルートに入社。この時、パン屋になろうという気持ちは1%もなかったという。

入社後、半年間は新規開拓営業を担当。その後、転職情報誌の商品企画に異動した。クライアントが広告を出したくなる、さらに読者にも響く特集企画を考えるのが仕事で、広告出稿の目標金額は二桁億円。この目標を達成するために、日々の仕事に邁進した。

ところが2年目に入ると、モノづくりを仕事にしたいと思うようになった。営業時代にたくさんの中小企業を訪ねたことも、影響しているのかもしれない。塚本さんは小学生の頃に放送されていたNHKの番組『手仕事にっぽん』が好きだったというから、職人肌の経営者の情熱の火花が燃え移ったのだろう。その火によってムクムクと膨らんだのは、「パン職人になりたい」という想いだった。

学生時代にパンをこよなく愛する友人と始めたパン屋巡りは、社会人になっても続いていた。塚本さんは当時も今も「パンよりご飯が好き」だが、都内だけで100軒を超えるパン屋を訪ね歩いているうちに、表現の幅広さ、パン職人それぞれのこだわりに、仕事として面白味を感じるようになっていた。

パン職人への想いが膨らんだ塚本さんは、休日にパン屋でアルバイトを始めた。当時は二重雇用が禁止されていたので、就業規則違反だった。それでもやりたいと思えるほどパン屋への想いが昂《たかぶ》っていたのだ。

「もともとパン屋巡りが趣味だったから、さらに深くパン屋を知ることができるという感覚で、仕事とは思ってなかったんです。お店では販売をさせてもらったけど、いつも買う側だったので、売る側の気持ちを知ることができて良かったですね」

この秘密のアルバイトが、彼女を予想外の場所へと導いていく。

カリスマシェフと実験三昧

東京の世田谷区に、パン業界では知らぬ人のいない名店中の名店「シニフィアンシニフィエ」がある。オーナーシェフは、志賀勝栄《しがかつえい》さん。安くてお手頃のパンが主流だった時代に、手間と時間をかけてつくった1斤1000円の食パンや1本480円（当時）のバゲットを世に送り出し、現在のパンブームの先駆けとなったカリスマパン職人である。

リクルートでの4年目、いよいよ仕事を辞めてパン職人になろうと決意を固め、アルバイト先に挨拶に行った塚本さんは、その店のシェフの堀田誠さんから、「志賀シェフが未経験の人に教えてみたいと言ってるから、会ってみたら?」と勧められた。堀田さんは「シニフィアン シニフィエ」のスーシェフ（二番手のシェフ）もしていて、志賀シェフと親しかったのだ。

え? と戸惑いながらも、ありがたい話なので面接を受けることに決め、迎えたその日。塚本さんは緊張のあまり、なにを話したのかほとんどおぼえていないという。でも、堀田さんが「平日会社で働きながら、土日にパン屋でバイトするぐらい根性あるんですよ」と後押ししてくれたこと、志賀シェフに「専門学校に行ったほうがいいですか?」と尋ねたら、「そんなの必要ないから今すぐ働け」と言われたことだけは、記憶に残っている。

2008年6月、リクルートを辞めた塚本さんは翌月から、シニフィアン シニフィエのスタッフとなった。名店の厨房といえば、プロの集まり。張りつめたような空気のなか、無駄なく、効率的に、キビキビと働いている……という僕の妄想は大外れで、志賀シェフは冗談を言ったりいつも楽しそうに仕事をしていて、厨房も和気あいあいとした雰囲気だったという。パンづくりに対しては一切の妥協がなく、時には厳しく注意を受けることもあったそうだが、パン職人として専門的に勉強したことがなく、なにもかもが初めての体験だった塚本さんは、ただひたすらがむしゃらに吸収した。

働き始めて驚いたのは、厨房にあるパンや食材について「どんどん食べていい」とつまみ食いが推奨されていたこと。これは、自分たちがどんなものを使ってなにをつくっているのか、味を知らずにおいしいものはつくれないという志賀シェフの考えだ。

その当時、既に名声を得ていた志賀シェフだが、新しいパンをつくることに貪欲で、厨房には常にさまざまな食材があった。その食材を組み合わせてレシピを考えるのが志賀シェフで、パンに仕上げるのはスタッフの仕事。でも、そのレシピには素材と配合が記されているだけで、細かい数字や手順は書かれていない。そこでスタッフは、シェフがどんなパンをつくろうとしたのか必死に想像しながら、手を動かす。あまりに斬新すぎて、日の目を見ずに消えていくパンも少なくない。

例えば、「わさびを入れたパン」。レシピ通りにわさびを入れた生地をこねるだけで、涙が止まらなかった。しかもまったく発酵せず、シェフに「お前、酵母を入れ忘れてないか?」と問われて、ようやく気づいた。殺菌成分が強くてイースト菌が死んだのだ。

それでもなんとか窯に入れ、焼きあがった時に扉を開いたら、わさびのツーンッとくる成分が一気に放出されて、また涙が止まらなくなった。一段落してパンを食べたら、わさびの味が少しもしない。わさびの辛み成分は揮発するので、焼いている間にすっかり抜け落ちて、扉を開けた瞬間に雲散霧消したのだった。このパンは、お蔵入りとなった。

「ほんと実験室みたいでしたね」と塚本さんは笑う。この実験三昧の日々は、「すごく飽き性」という塚本さんに向いていた。日勤の日は朝6時から18時までの長時間勤務で決して楽ではなかったが、毎朝出勤しながら「今日はどんなレシピがあるのかな」とワクワクしていたそうだ。

ただ、シニフィアン シニフィエで7年間を過ごしているうちに、この勤務時間や働き方では女性が結婚したり、子どもを産み育てるということが難しいということも実感した。パン業界では標準的な労働条件ながら、シニフィアン シニフィエでも腕利きの女性スタッフが結婚や出産を機に店を辞めていった。その姿を見て、結婚しても、出産しても、子育てしながらでも続けられるパン屋の在り方について考えるようになった。そのヒントは、自分が働くお店にあった。

志賀シェフは、パンを急速冷凍させることで焼きたての風味や食感を失わない手法を編み出し、取引先に冷凍パンを卸していた。そのパンは、店頭に置かれてしばらくすると劣化し始めるパンよりも、明らかに風味が豊かでおいしかった。塚本さんはある日、「冷凍パンの通販に絞れば店舗は必要ないし、結婚しても、出産しても、子育てしながらでも続けられる！」と閃いたのだ。リクルート時代、パン屋でアルバイトをしていて最も苦痛だった作業、余ったパンの廃棄がなくなるのも嬉しかった。決められたルールとはいえ、まだ食べられるパンを捨てるのは、いつも心が痛み、慣れることはなかった。

冷凍パンを通販にしよう。方向性が定まると、イメージが膨らんだ。

「パンって自分で選ぶといつも好きなパンばかりになるでしょう。でも誰かに選んでもらうと、このパンこんなにおいしかったんだ！　っていう出会いと驚きがあって。だからお勧めセットでいいんじゃないかって」

お勧めセットであれば、自分がつくりたいパンをつくることができる。実験し放題だから、マンネリ化して飽きることもなくなる！

ドイツでの衝撃

もうひとつ、塚本さんのパンづくりを方向づけたのは、ドイツでの出会いだった。2011年、志賀シェフから1カ月の休みをもらった塚本さんは、ベルリンを目指した。そこには、学生時代に友人と旅行した際、一度だけ訪ねたことがあるパン屋があった。

「その時、石臼で小麦を挽いているのを初めて見て、衝撃を受けたんです。今は日本でも石臼で挽いているパン屋さんが少しずつ増えていますけど、当時は日本で見たことがなかったから。しかも、すっごくおいしかったんですよ」

社会人になってからもこのパン屋さんのことが忘れられなかった塚本さんは、いつしか、ここで修業がしたいと思うようになった。1カ月の休みの間にそれを実現しようと東京から問い合わせのメールをしたものの、返信がない。そこで、ベルリンに着いてからアポなしでお店に飛び込んだ。

「この街に1カ月いる予定だから、働かせてくれませんか?」

そのパン屋さんも、驚いたことだろう。ドイツ語もままならない日本人女性がいきなり働かせてほしいと訪ねてきたのだから。そもそも、労働ビザがなければ就労は不可能だが、突撃訪問に並々ならぬやる気を感じたのか、3日間の見学が許された。

そのパン屋さんは、ドイツのオーガニック認証「デメター」の最も厳しい基準をクリアしていた。食器を洗う洗剤でさえ、化学的なものは使えないというハードルの高い認証だ。使う小麦もすべて無農薬、無化学肥料で、さらに天体の運行などによって種を播《ま》く時期や収穫時期を決めるバイオダイナミック農法でつくられているものに限られていた。

近くの農家から直接仕入れた小麦は、製粉されたものではなく、袋詰めされた麦粒。それをお店の石臼で挽いて、粉にする。無農薬栽培なので、袋のなかには虫が紛れ込んでいる。それが飛ぶと、巨大な掃除機で吸い込んでいく。シニフィアン シニフィエでもいわゆる「小麦粉」しか使ったことのなかった塚本さんにとって、すべてが新鮮だった。

3日間の見学を終え、移動した先で別のパン屋のオーナーと雑談をしている時に、日本のパンはなんでそんなに高いの？　と聞かれた。「日本は麦をつくるのはあまり適さなくて、材料のほとんどを輸入に頼ってるから」と答えると、驚いたオーナーはこう言った。

「うちは、だいたい30キロ圏内で穫れたものを使ってると思うよ。みんな知ってる農家のものだし。だって、誰がつくったからわからないものを使うのは、怖いじゃない」

塚本さんの胸には、ドイツで見た光景とこの言葉がずっと残り続けた。

それから少し時が流れ、シニフィアン シニフィエを辞めて、独立に動き始めた2015年。島根県の石見銀山で友人がパン屋を開くことになり、オープンに合わせて、3カ月ほど手伝いに行った。その間に、塚本さんあての食材が届くようになった。きっかけは、島根に出向く前に会った、蕎麦屋の友人との会話だった。

「久美ちゃんちょっとさ、この小麦、使ってみてくんない？」

「え？」

「うちで使っている蕎麦の農家さんが裏作で小麦をつくってるんだけど、売り先がないのよ。農協に卸すとびっくりするぐらいの安値でしか買ってもらえなくて、牛の餌になるのが関の山じゃないかって気がするの。けっこう真面目につくってるのにそれは寂しいから、パン焼いてみて」

はい、とおもむろに渡された小麦を持ち帰った塚本さんは、東京でパンをつくってみた。それが思いのほかおいしく、「開業した際にはぜひ使わせてほしいです！」と友人に連絡をしたところ、その蕎麦農家さんもよほど嬉しかったのか、島根まで小麦を送ってきたのだ。その小包のなかには、小麦をつくっている畑の近くになっていたという柚子《ゆず》も入っていた。

そこで、今度は柚子を使ったパンをつくり、送り返した。それにまた大喜びした蕎麦農家さんは、次に近所中から集めて、たくさんの柚子を送ってきた。手伝い先のシェフも面白がって、一緒にその小麦で柚子を使ったパンを焼いた。その時に、ふとドイツでの出来事を思い出した。

「あ、ドイツのおじちゃんが言ってたあの言葉って、こういう感覚かな？」

この時、塚本さんは心に決めた。

「こういう感じで、なるべく顔が見える生産者さんのものを使おう！」

通販ならどこでやっても一緒じゃん！

その年の暮れ、石見銀山で手伝いを終えた塚本さんは、兵庫県の丹波市に立ち寄った。仲のいい友人が住んでいて、そこで年末年始を過ごすことにしたのだ。

この時すでに都内でパン工房にする物件を仮予約していて、年が明けたら開業する予定だった。しかし、あっさり気が変わった。丹波で友人たちと集まっていた時に、パンをつくって振る舞った。そのパンを食べた人が、「うまいから、うちの裏でやれば？」と誘ってくれた。そこは農具の倉庫で、パン工房につくり替えてもいいという。その話を聞いた時、視界がパーッと開けたのだ。

「直前の島根での生活が楽しすぎたんですよね。イノシシを狩りに行ったり、近所のおじいちゃんが、山いもを取りにいくけど行くかって誘ってくれて、一緒に山に入ったり。それで、いなかっていいなと思っていた帰りに丹波に寄って、ここでやればいいじゃんって言われて。まるで日本昔ばなしみたいな景色だし、友だちもいっぱいいたし、通販ならどこでやっても一緒じゃん、ここにしよう！　って」

塚本さんは、直感的に「これだ！」と思ったら、その気持ちを大切にする。工房の場所だけでなく、働き方もそうだった。

島根に滞在中、友人を介して知り合った石見銀山　群言堂《ぐんげんどう》という会社の社長が言った。「満月になるまではアウトプットの時間と言われてるからものを売って、残りの半分はインプットの時間というからワークショップしたり、地元の人が楽しむような場にしようかな」。その話を聞いて、ドイツのパン屋が月齢を念頭にパンづくりをしていたことを思い出した。そのことを伝えたら盛り上がり、群言堂の社長から「君のパン屋も月齢でやってみたら?」と言われた。それがきっかけで、「月の暦に従って働くこと」を決めた。その月の新月から満月にかけてと、満月からの5日間、つまり月齢ゼロから月齢20まではパンを焼き、満月の6日後から新月にかけて、つまり月齢21から月齢28までは旅する時間にあてる。

もともと、いろいろな食材を使って実験をするなら、その食材をつくっている生産者を訪ねたいと思っていた。月齢に合わせて旅する時間をつくれば、それを実現できる!

こうして2016年10月、丹波に冷凍パンの通販専門、なるべく顔が見える生産者のものを使い、月の動きに従って営業するヒヨリブロートが生まれた。ちなみに、塚本さんが投じた初期費用は、600万円。厨房の機器は、ほとんど中古で取り揃えた。一般的に、パン屋を開業する場合、店舗の内装や設備など諸々を合わせて1000万円から2000万円ほどかかると言われている。さらに通常の店舗なら接客する店員の人件費もかかるため、通販専門にすることでかなり安く抑えることができた。

とはいえ、「パンは焼きたてが一番!」というイメージがあるし、誰もやったこと

撮影／木村正史

のないビジネスモデルで、「本当にお客さんがつくのかな」と不安に満ちた船出だった。それを見事に蹴散らしてくれたのが、かつて共に働いたリクルートの先輩や同僚だった。開業に際してとことん相談に乗ってくれただけでなく、無事に開業すると、躊躇なく注文。さらにその味をＳＮＳでどんどん拡散してくれたのだ。もともと情報発信力が強い人たちばかりだったから、ヒヨリブロートの名は瞬く間に知れ渡り、続々と注文が届くようになった。

　開業から数カ月もする頃には毎月１００件ほどの注文が入り、ホッと一息ついたところでテレビ出演のオファー。２０１７年９月に番組が放送されると、１分ごとに

100件の注文が入り、2日後には5000件を超える注文が届いていた。塚本さんひとりでつくることができるパンは、1日に14件分。そのペースだとすべての注文をさばくのに5年以上かかる計算だ。それから2年間、こつこつとパンを送って、あと3年分。しびれを切らせて注文をキャンセルする人もいるけど、それはごく少数。ほとんどの人はいつ届くかわからない塚本さんのパンを、待ち続けている。

メディアや口コミで塚本さんの存在を知り、ヒヨリブロートのパンを食べたいと思っても、今は注文すらできない。だから、全国には塚本さん自身がパンを売るイベントを心待ちにするパン好きが大勢いる。

それでも、無理して一度にたくさんのパンをつくったり、出店を重ねたりすることはない。心の赴くままに旅をして、たくさんの人に出会い、そこで発掘したおいしい食材を丁寧にパンにする。それが、塚本さんの選んだ道だった。

開業から4年、実験的に始めたこの方法が思わぬ形で発展し始めている。

これ、使ってみてくれない？

開業以来、塚本さんは小麦からパンに使う食材まで、できる限り、知り合いがつくったものを仕入れるようにした。旅の期間にはツテをたどって全国の生産者を訪ね、仕入れ先を増やしていった。そういった情報をフェイスブックやインスタグラムで発信すると、そのうちに別の生産者から「これ、使ってみてくれない？」と連絡が来るようになった。

塚本さんと生産者とのつながりは、友人知人からの紹介がほとんどで、生産者たちはメインで育てているものとは別に、趣味で、あるいは実験的にユニークな作物をこぢんまりとつくっている人が多かった。ただ、せっかくつくったはいいけど、売り先も使ってくれる人もいないという場合がほとんどだった。

「私に連絡をくれるのは、ほかの作物をしっかりつくっている人が多いんです。だからポイントをつかんでいるんだと思うんですけど、たいがいすごくおいしいんですよ。それに、パン屋のなかでもうちがつくっている量は少ないので、少量でちょうどいいんですよね」

食材の仕入れに関して、塚本さんにはひとつルールがある。一度テストしてみて、おいしい、もっと使いたいと思った時に、安くしてほしいという交渉はしないということだ。質の高いものは、それに見合った価格で買い取る。その素材を使ってパンをつくり、発信することで、生産者側の意識も変わっていった。

冒頭に記した青森のリンゴ農家さんは最初、「遊びでライ麦を植えてみたんだけど」と、初めて収穫した10キロを送ってきた。国産のライ麦は少ないうえに、届いたライ麦でパンをつくるとおいしかった。

その感想を伝えて、「次はきちんと購入します」と言ったところ、そのリンゴ農家さんは「買ってくれるんだったら、真面目にやるわ」と作付面積を増やしたそうだ。塚本さんがSNSでこのライ麦を紹介すると、ほしいという人も現れて、今では塚本さんのパン職人仲間も購入するようになった。

時には、どうやって使えばいいんだろう？　と頭を悩ませる作物も届くが、もともと好奇心旺盛なうえに、実験が好きな志賀シェフのもとで7年間修業した塚本さんにとって、むしろ、望むところである。例えば、八ヶ岳の生産者から届いた、無農薬栽培のビーツ。鮮やかな赤紫色が特徴の野菜で、パンの素材として使われているのを目にしたことがある人は少ないだろう。塚本さんは、これもしっかりパンにした。

「窯で皮ごと包んで焼いて、それを生地に練り込んでみたら、すごい色になりました。ビーツは砂糖大根の一種なので、甘みがあるんですよ。だから砂糖を入れないでつくったんですけど、すごくおいしくできました」

ほかにも、ヒヨリブロートの工房には普通のパン屋さんでは見ないような食材がたくさん保管されている。冷蔵庫で冷やされていたのは、岡山にある気鋭のワイナリー「ドメーヌテッタ」から送られてきた摘果ブドウ（間引きされたブドウ）。朝イチで近所の農家さんから受け取ってきたというブルーベリーもあったし、無農薬栽培のミカンの皮、いわゆる陳皮《ちんぴ》も干されていた。これらを使ってどんなパンをつくるのか、ひとりだけの静かな工房で、試行錯誤が続けられているのだ。

実験だから、失敗することもある。味噌麹《こうじ》を入れた食パンをつくった時には、数日後、耳以外の部分、あの白くてふわふわしたところが溶け落ちるという事態に直面した。塚本さんは原因がわからず、起きたことをありのままフェイスブックに投稿した。するとヒヨリブロートのファンのなかで、麹に詳しい人たちがどんどんコメントを寄せ始めて、コメント欄は麹の謎についての意見交換会の様相を呈した。

「あれは面白かったですね。私はぜんぶ理解できたわけじゃないけど、味噌麹の熱耐性はすごいなということは覚えておきます（笑）。私は、誰かの役に立つかもしれないし、と思っていつも失敗をオープンにするんですが、そうするとみんなの知恵が集まるんですよね。うちは店舗がないから、フェイスブックページが店舗みたいな感じで、すごく、うまく使わせてもらっている気がします」

ここで、「なるほどそういうことね」で終わらないのが塚本さん。なんと、溶けた食パンを買った人たち全員に連絡を取り、どう保存していたのか、溶けたのか、溶けなかったのか、ヒアリング。さらに、味噌麹から日本酒麹にかえた食パンを送って、全員から溶けていないかどうか、毎日、報告をもらったそうだ。

「全員に実験に参加してもらう感じで、『うちのは今日も大丈夫です』みたいに連絡を取り合いました。そうやって協力してもらいながら、麹を入れた食パンを完成させました」

もし、僕が購入したパンが溶け落ちて食べられなくなったら、クレームを入れたくなる。でも、そのパンをつくった職人さんから原因を探りたいと直接連絡が来て、改善するための実験に巻き込まれると、いつの間にか「一緒に答えを探そう」という気持ちに変わる気がする。そして気づけば、文句を言いたい不満が応援したい気持ちに変わっているのだろう。

メディアとしての影響力

日々、さまざまな食材を紹介し、失敗も成功もオープンにしているヒヨリブロートのSNSは今、メディアとしての影響力を持ち始めている。塚本さんがある日、佐賀のチーズ生産者がホエーを使ってつくったチーズをSNSにアップした。ホエーとはチーズやバターをつくる段階に出る液体で、通常だと廃棄されるもので、その試みとおいしさに感嘆しての投稿だった。すると、そのチーズの生産者のもとに続々と注文が入ったという。

その逆のパターンもある。例えば、台風が来ると、生産者は事前に作物を収穫する。台風による被害を避けるためなのだが、そうすると、市場が同じような野菜でいっぱいになって引き取ってもらえなくなる。野菜の鮮度は落ちていく一方だから、最終的には二束三文で買いたたかれるか、廃棄処分になる。

そこで、台風が来ると、塚本さんは予め《あらかじ》「うちが定価で引き取ります」とSNSに投稿する。それを見た生産者が、市場に持っていけない作物を塚本さんのもとまで届けに来る。塚本さんはそれを適正価格で買い取り、乾燥させたり、漬け込んだり、ソースにして保存するのだ。買い取るのは、近隣の生産者に限らない。冒頭に記したニンジン10キロも、千葉の生産者が台風で停電になり、冷蔵庫が使えなくなって困っていると知って購入したものだし、コロナ禍でも北海道の生産者から過剰在庫になったジャガイモを10キロ購入した。

「今って、大きいサイクルより、小さなサイクルがいっぱい、いろいろなとこにあるほうがいいような気がしていて。だから、私がやることをまねしてくれる人がどんどん出てきてくれたらいいなぁと思うんです。私は丹波のものを使う機会が多いけど、日本各地にできたら、それぞれの地元の食材を引き受けられるじゃないですか」

こういった姿勢によって、塚本さんがどれだけ支持と信頼を集めているのか、よくわかる数字がある。塚本さんが岐阜県関市にある刃物メーカー「サンクラフト」と共同開発したヒヨリブロート3周年記念のロゴ入りパンきりナイフ（14センチ）、3410円。これを塚本さんがSNSで告知したところ注文が殺到し、最終的に800本超も売れたのである。

もちろん、ナイフ自体の魅力もあるだろうが、アマゾンでパンきりナイフを検索すれば数百円台からいくらでも出てくる。そのなかで、3410円のパンきりナイフがこれだけ売れたのは、「塚本さんがかかわっているものならほしい」という支持と信

撮影／木村正史

頼の証だろう。

多彩な食材を使うヒヨリブロートのパンは面白いしおいしい、というだけではなく、塚本さんの活動を応援したいというファンが、日本全国に続々と増え続けているのだ。

パンきりナイフの売れ行きは、塚本さんの想像も超えていた。これにヒントを得て、新しい試みを始めている。友人、知人たちとコラボレーションした新作パンをSNSで紹介し、オンラインで販売するのだ。第一弾は、開業前から親しくしている東京・桜上水のMegane Coffee（メガネコーヒー）とのコラボ。コロナ禍で店舗の営業ができなくなり、通販に力を入れると聞き、「それなら、なんか一緒にやろう！」と、コーヒーに合うパンのセットをつくった。パンの材料には、コロナで影響を受けたものを購入し、使用。ヒヨリブロートのフェイスブックページには、「お求めいただくと、それが巡り巡って、支援になる。そんなセットを目指しています」と記した。こちらはメガネコーヒーのインスタグラムで販売したら、30セットが30秒で売り切れた。

第二弾はチョコレートの輸入、販売を手掛けるトモエ サヴールとのコラボ。ペルーのアマゾンでつくられるNINA CHOCOLATEがコロナ禍で在庫になってしまったと知り、声をかけた。洋菓子をつくっている友人も誘い、チョコレートを使った限定コラボセットを販売。30セット用意したところ、10分足らずで完売した。

SNSを通してコラボパンを販売するのは、塚本さん自身、コロナで参加予定のイベントがすべて中止になったこともあってのアイデアだったが、予想以上の反響に手ごたえを感じ、コラボパンのオンライン販売を続けようと考えているという。解凍したパンを販売するイベントと違い、オンライン販売なら購入者に冷凍パンを直接届けられるから、よりおいしく、好きなタイミングで食べてもらうことができる。それに加えて、全国の人にヒヨリブロートのパンを楽しんでもらえるようになるからだ。移動や準備に時間がかかるイベントからオンラインコラボに切り替えることで、今以上に生産者を巡る旅に行けるようになるというメリットも大きい。

今、塚本さんのような取り組みをしているパン職人はほかにいないだろう。ＳＮＳを駆使した素材ありきのパンづくりによってメディアとしてのパワーが生まれ、その力を使ってさらに生産者に寄り添う。困っている人たちとコラボする。ヒヨリブロートは今、小さいながらもサステイナブルな経済圏の核になっているのだ。

もし、塚本さんのようなパン職人が増えたら……と想像してみる。その世界はきっと、さまざまな素材を使ったユニークなパンで溢れ、豊かな香りで満たされている。

ヒヨリブロート

３００年の茶園を継いだ元サラリーマンの『フィールド・オブ・ドリームス』

仙霊茶　野村俊介

　面積の8割を山林が占める、兵庫県の神河町《かみかわちょう》。西側に砥峰《とのみね》高原と峰山高原が広がり、東側に清流・越知川《おちがわ》が流れ、町なかには5つの名水が湧く。なんだかずいぶんと清々しい空気で満ちていそうなこの町では、３００年前からお茶がつくられている。その味は当時から評判で、「人形寺」として知られる京都の尼寺、宝鏡寺《ほうきょうじ》から、享保10年（１７２５年）に「仙霊」という銘を授かった。

　ちなみに、現代はお茶の生産者がどんどん少なくなっている。調べたところ、１９９０年の13万５４１１軒から、２０１５年には2万１１４４軒にまで激減。それから5年経って、さらに減っているのは間違いない。コンビニでお茶を買う人は多いと思うけど、ほかの農業と同じく、お茶業界も生産者の高齢化と後継者不足が悩みの種になっているのだ。

　仙霊茶も同じ運命をたどり、後継者がいないという理由で約３００年の歴史に幕を下ろそうとしていた。その時、「じゃあ、俺、やっていい？」と軽やかに手を挙げた人がいる。神河町にも、茶園にも、縁もゆかりもなかった、元サラリーマンの野村《のむら》俊介《しゅんすけ》さん。2年間の研修を経て、2018年春、東京ドーム1・7個分に相当する仙霊茶の茶園を引き継いだ。そして今、農薬を使わず、肥料も与えない「自然栽培」のお茶づくりに挑んでいる。

この珍しい転身とユニークな取り組みの話が聞きたくて、某日、野村さんの茶園を訪ねた。そこは山あいの奥地にあり、山の斜面に沿って茶の樹がずら一っと立ち並んでいる。人工的な音はなにも聞こえず、茶園の脇を流れる小川のせせらぎが、かすかに耳に届く。なにも考えず、スマホも気にせず、しばらくボーッとしていたくなるところだった。

「この前、川に足を浸しながらお茶を楽しむ川床茶会を開いたんですよ。せっかくだから、川で話をしませんか？」

野村さんからの提案に、「ぜひ！」とふたつ返事。山から流れてきた川の水はヒヤッと冷たかったけど、しばらくすると慣れた。冷房の効いたオフィスで話を聞くよりも、何十倍、いや何百倍も気持ちがいい。

撮影／直江泰治

野村さんは言ってみれば日本茶スタートアップのCEOだが、これからバリバリ稼いでやるぜという気迫や、日本茶業界を盛り上げてやるぜという気負いは感じない。茶園の樹々と同じく、自然体だ。野村さんは、メガネの奥の目をキラリとさせて、「ここで、面白いこと、楽しいことをたくさんしていきたいんですよね」と微笑んだ。

遅刻ばかりの会社員

1978年、神戸で生まれた野村さん。姫路にある大学を出て、神戸に本社がある医療機器メーカーに就職した。
「大学が理系だったんでメーカー系がいいかなと思ってたら、地元に血液検査の機械をつくっていて元気がいい会社があると聞きましてね。親の知り合いが勤めていたこともあって、ほな、そこでええか、と受けたら採用されました（笑）」

２００３年、新規事業部に配属され、東京支社で勤務することになった。その部署は、例えば本社で企画立案された新規事業の反応を確かめるために営業をかけるというテストマーケティング的な役割を担った。新商品の売り先が病院ではなく、企業の研究機関や大学の研究室になる場合は、新しい顧客を開拓する必要がある。東京支社は関東圏をカバーしていて、１年目からその核となる東京担当になった野村さんは、飛び込み営業を繰り返した。

ハードな仕事ではあったが、もともと人と話をするのが好きで、物おじしない野村さんは「めっちゃ楽しかった」と振り返る。営業成績も、悪くなかった。

ただ、意味や必要性を感じないルールに縛られるのが嫌いという性格で、誰よりも遅刻をする社員だった。クライアントとのミーティングには決して遅れないが、特別な理由もないのに「朝８時に出勤しろ」と言われると「なんで？」と疑問を抱き、受け入れない。

ある日、度重なる遅刻を見かねた上司に呼び出され、喫茶店でこう命じられた。

「来週の月曜日、全体のミーティングがあるやろ。絶対に遅刻するなよ。そこで、僕は今月一回も遅刻しませんって宣言しろ」

「え、嫌です」。野村さんのあまりにストレートな返答に、上司も仰天したのではないだろうか。もちろん、それから遅刻が減ることもなかった。

しかも、遅刻の理由を問われた時には嘘をつかず、「昨日、飲みすぎました」などと正直に答えたというから、上司からすると扱いづらい部下だったろう。でも、その潔さもあって、東京支社の同僚や営業先とは仲良く付き合い、毎日のように飲み歩いていたという。

「結果出せばいいじゃんっていう、生意気なところもありましたね。血液検査事業の利益率がめちゃくちゃ高くて、会社の調子が良かったので、しょうがないやつだなって思われつつ、許されていたんだと思います」

浴びるように飲んだ酒とともに時は流れ、迎えた10年目。神戸の本社勤務になり、企画立案する役割を与えられた。野村さんによると、東京時代、立場も気にせず、自由奔放にアイデアを出していたら、「そんなら、お前やってみいや」ということになったらしい。

与えられたミッションは、「10年後、20年後の屋台骨になるかもしれない事業を立案すること」。本部長の直属で、部員は自分ともうひとりのふたりだけ。指導役として外部のコンサルタントがつき、なににも縛られず、自由に調べ、企画を出すのが役目だった。楽しく、やりがいがありそうな仕事に思えるが、この立場が転職のきっかけになった。

俺にイノベーションは起こせるか？

野村さんは考えた。アップルの創設者、スティーブ・ジョブズのように「絶対にこういう未来が来る」と誰よりも早く確信した人間だけが、イノベーションを起こすことができる。自分がなにかを思いついたとして、取締役会でプレゼンをした時に、大半が「それはいい！」と思うようなアイデアは、その時点で手遅れ。10人中10人が「は？」と思うようなものでないと、本当のイノベーションは起きないはずだ。

仮にそういう閃きがあったとして、実際に事業化するには「なに言ってんの？」と疑問だらけの取締役をひとりひとり粘り強く、説得しなくてはならない。自分自身が心の底からその閃きに価値をみいだしていないと、そんな面倒なことはできないだろう。そこまで考えた時、ふと我に返った。

「俺って、そんなに医療に思い入れあったたっけ？」

会社には、自分自身や家族が難病を抱えている社員がいて、常々、「ぜんぜんモチベーション違う」と感じていた。軽い気持ちで入社した自分には、本当に社会的意義を果たすような事業は思いつかへん……。

この頃の野村さんは、日本社会に対して「なんか違う気がする」という違和感も抱いていた。例えば、こんなことがあった。社内の労働組合の委員をしていた時に、組合のメンバーとケンカになった。組合から経営陣に対して「ボーナスの半分を個人の業績と連動させてほしい」と提案しようという話になり、野村さんはひとり反対したのだ。それは「成績がいい人間にいいサラリーを与えたいというのは経営側の視点。会社が儲かっているなら、個人の能力や成績にかかわらず、みんなで平等に配分しようと考えるのが労働組合の役割だろう」という想いがあったからだが、その気持ちは伝わらず、理解も得られなかった。

同時期に、三菱UFJモルガン・スタンレー証券チーフエコノミストを経て、内閣府大臣官房審議官、内閣官房内閣審議官を歴任した水野和夫氏の『資本主義の終焉と歴史の危機』という書籍を呼んで、「資本主義、マジで終わるな」と感じたそうだ。

会社では、期待される役割を果たせそうにない。資本主義も揺らいでいる。この気づきを経て、「独立独歩で生きていける道を探したほうがいい」と思い至った。

「じゃあ、俺、やっていい？」

さて、これからどう生きるべきか。新しい道を模索し始めた時に、高校の同窓会で同級生と再会した。そのうちのひとりと話をすると、無農薬、無肥料の自然栽培で米と大豆を育てていて、収穫した米と大豆を使って味噌とどぶろくをつくっているという。さらに、稲に与える水を豊かにするために、冬は林業をしていると話していた。なんだかスケールがでかいし面白そうだと思って2014年9月、その同級生のもとを訪ねると、セルフビルドした自宅に、奥さんと子ども3人で住んでいた。その様子を見た瞬間、野村さんの脳内にビビビッと電撃が走った。

「こんな生き方があるなら、これが一番面白いかもしれん。資本主義も終わるんやから、これが一番強い生き方だ！」

その場で、同級生に「こっちに来たら、いろいろ教えてくれるの？」と尋ねると、「いいよ、なんぼでも」と返ってきた。その言葉を聞いて、野村さんは軽やかに決心した。

「ほんなら会社辞めるわ」

この出来事から間もなくして会社に辞意を伝えた野村さんは、2015年4月1日、晴れて自由の身になり、新規就農しようと同級生が住む兵庫県朝来《あさご》市に引っ越した。同じものをつくっても面白くないからと、その春からすぐにごまと生姜の自然栽培を始めた。

「ちょうど、担々麺にはまってて（笑）」

しばらくすると、突然脱サラして未経験で農業を始めた野村さんのもとに、友人、知人が遊びに来るようになった。きっと、大胆な決断に興味を持つ人も多かったのだろう。

暑い盛りの8月、訪ねてきた友人のひとりが「お茶に興味がある」というので、知人の茶園に一緒に出向いた。そこで「神河に新規就農者を探してる茶園あるで」と聞いた。

「渡りに船！」とふたりで向かったのが、仙霊茶の茶園だった。野村さんは初めて見る茶園の景色に圧倒されながら、友人に「やったやんけ、こんな話ないぞ」と興奮気

撮影／直江泰治

味に声をかけた。通常、イチから茶園を始めようと思ったら、茶の樹を植えるところから始まるため、すぐには収穫できない。耕作放棄地を使う手もあるが、土地自体が荒れている可能性もある。その点、この茶園はその年の春までしっかり手入れされていたので、余計な手間をかけず、すぐにお茶を生産することができるということだった。

しかし、その友人は東京ドーム１・７個分、およそ７ヘクタールの茶園が「広すぎる」と、気乗りしない様子だった。そこで、野村さんは友人に尋ねた。

「じゃあ、俺、やっていい？」

完全なる勢いだった。

「もともと、お茶にはぜんぜん興味なかったんですけど、とにかく一面の茶畑を見て大感動したんですよ。こんな条件のところほかに絶対ないと思ったし、すぐにやりたいっていう人が現れるだろうから、それはもったいない、俺がやろうって思ったんです」

景色や環境のほかに、もうひとつ、野村さんが惹かれたのは、過去10年ほど、農薬が使用されていなかったこと。話を聞けば、もとの生産者がオーガニックを目指していて、というわけではなく、お茶の需要の低下と高齢化もあって「機械も高いし、農薬を撒くのがしんどかった」という理由だったが、自然栽培を志向する野村さんにとっては願ってもないことだった。

野村さんが幸運だったのは、はいどうぞ、といきなり引き渡されなかったこと。もともと複数の生産者が共同経営していた茶園だったため、地元の信用金庫が主体となって継承者を探すための事業組合をつくり、野村さんがそこに参画して2年間、一緒にお茶づくりをするという条件になった。組合からすれば試用期間の意味合いが強かったが（素人に渡して途中で投げ出されたら目も当てられない）、お茶づくりについてなにも知らなかった野村さんからすれば、いずれ自分のものになる茶園でイチからお茶づくりを学ぶことができる。

それにしても、である。農業を始めて数カ月で広大な茶園を引き受けることに不安はなかったのだろうか？

「生姜とごまをつくっていた時と違って、お茶は樹なんで安心感があるんですよ。普通の農業は、つくったらぜんぶ収穫してリセットするじゃないですか。ごまの種を蒔きながら、不安なんですよ、芽が出てくるまでは。もしかしたら全滅かな、全滅したらまるっと赤字やなって。たいして儲からないのに、ギャンブルみたい。でも、お茶は樹だし、何年も無農薬で育っているから、茶畑に来た時の『今日もちゃんと生えている』という安心感はすごいんです（笑）」

「奇跡的」な茶園

２０１５年の秋から2年間の実地研修が始まった。事前に「自然栽培をしていいなら継ぐ」と話して了解を得ていたので、最初から無農薬、無肥料でのスタートになった。

当初はごまと生姜をつくりながら、と考えていたが、研修を始めてすぐに兼業できる余裕などないことを実感。お茶づくりに集中することを決め、無事に2年間の研修を終えて正式に引き継ぎが決まった2018年春、神河町に引っ越した。茶園は土地を共同保有している集落から借り受けることになるので、株式会社・仙霊を設立して、代表取締役社長に就任。伯母から900万円の融資を受けての船出だった。

先述したように、日本ではお茶の生産者が激減しているし、お茶を飲む人も減っている。1975年に約11万2000トンあった緑茶の消費量は、2018年に約8万6000トン。生産者より減り方は穏やかだけど、「茶葉で飲む機会が減って、ペットボトルに置き換わった」というのが野村さんの見立てだ。それでもやっていけるだろうと思えたのは、茶園の希少性にある。

「研修をしている時に実感したんですけどね。普通の茶園って、別の農家さんの茶園と隣接してるんです。だから、無農薬でやると言ったら、お前のせいで虫が来るとか、お前のせいで雑草の種が落ちるとか怒られて、村八分どころじゃない。でも、ここは国道からすごく近い便利な場所にあるのに奥まったところで独立しているから、誰にも迷惑をかけない。こんなところはほかにありません、奇跡的ですよ」

この「奇跡の茶園」の価値を信じた野村さんは、従来の価値観に縛られないお茶づくりをすることを決めた。研修時代、お茶の生産者が集まる勉強会に行くと、どこでも常に「品評会でいかに受賞するか」がテーマになっていた。お茶の世界では受賞歴がブランドになり、売り上げにも直結する。そのことを知った時、「業界のお偉いさんに評価されるために一生懸命つくらなきゃあかんの？　ぜんぜん違うやり方があるんちゃうか？」と疑問に思ったのだ。

アワード以外でお茶の価値を高める

「ぜんぜん違うやり方」のヒントになったのは、野村さんが経営していたバーだった。え？　バーの経営？　そう、野村さんは、神河町に移住する前に住んでいた朝来市内の竹田（天空の城とも呼ばれる竹田城跡で有名な町）で、研修期間中にバーを開いていたのだ。

きっかけは、農業を教えてくれていた高校の同級生のもとに、地元の知人から「空いてる納屋を借りてくれないか？」と連絡が入ったこと。同級生と野村さんは朝来の同世代や若手に声をかけ、特になにに使うかも考えないまま、リノベーションした。土壁を塗って古民家風にしたことで、見違えるようなシャレた雰囲気になったそうだ。

その場所をなにに使うか、という話し合いの場で、野村さんが手を挙げた。

「じゃあ、俺が日本酒バーするわ」

会社を辞めて朝来市に引っ越したその冬、野村さんは酒蔵でアルバイトをした。その時に、朝来市は酒どころでうまい地酒が豊富にあると知り、「地酒を揃えた日本酒バーをやろう」と思い立ったのだ。

その場所はもともと納屋だったので水道も電気もなかったが、保健所から屋台営業の許可を取り、昼は茶園で研修、夜はバーのオーナーという珍しい二足の草鞋《わらじ》生活を始めた。研修は給料が出るし、バーもそこそこお客さんが来るようになり、資金に余裕ができたところで水道を引いて、飲食店の許可も取った。

こうして日本酒バーのオーナーになってから、感じたことがある。

「ワインも日本酒も同じ醸造酒ですよね。欧米の人は毎年、ブドウの出来が違ってワインの味がブレることを開き直って、『何年につくった』ということを特徴にするじゃないですか。日本人は、自分のところの味を裏切らないように、いつもと違う状態の米が来ても、いつもと同じ味に仕上げようと血反吐《ちへど》を吐く思いで努力していました。それはそれで技術の修練としては美しいんやけど、米とかブドウの味が毎年違うのは当たり前やし、欧米人は売り方がうまいなと思ったんですよね」

日本酒と比較してワインについて考えたことは、のちに大きなヒントになった。ワインは産地のテロワールを大切にし、味の個性を重視している。アワードはあるけど、ワインの購入者にとってそれはひとつの目安に過ぎず、自分の好みに合った味を探す楽しさがある。日本茶も同じ嗜好品なんだから、ワインのように多様な楽しみ方があってもいいはずだ。せっかく自然栽培できる稀有な茶園なのだから、味の違いもひとつの価値になるだろう。

そう考えた野村さんは、仙霊茶を品評会には出さないことに決めた。そして、無農薬、無肥料の自然栽培の価値を伝えるために、新茶の茶葉を摘んだ日付別にパッケージし、日々成長する味わいのグラデーションをアピールすることにした。ワインと同じように、あえて味のブレを楽しんでもらおうというアイデアだ。

顧客ゼロからのスタート

野村さんが後継者として立候補した時点で、仙霊茶の生産はほとんど途絶えていたため、2018年春に引き継いだ時、イチから顧客を開拓しなければならなかった。

あまり知られていないことだが、一般的な茶園は刈り取った茶葉を茶問屋に卸し、茶問屋が加工して取引先に販売する。その際、茶問屋は均一品質、大量生産、安価提供を実現するために、生産者から集めた茶葉を「ブレンド」する。スーパーやお茶屋さんで棚に並んでいる商品の大半は、たくさんの生産者の茶葉を混ぜ合わせてつくられているのだ。

茶問屋に卸さず、仙霊茶としてブランドを確立するには、無農薬、無肥料の自然栽培を評価して、直接取引してくれるお客さんを自力で見つける必要がある。東京ドーム1・7個分の土地に生える茶葉を刈り取り、ひとりで売る。想像すると気が遠くなりそうだが、そこは飛び込み営業を得意としていたサラリーマン時代の経験と、社内でも評価されていた発想力の見せどころだ。

野村さんは近隣の旅館や商業施設に営業をかけて、少しずつ卸先を増やしていった。同時進行で、2018年11月から、月1000円、年間1万2000円を払うと、年に2回、お茶が届く茶畑オーナー制度を始めた。京都で同様の取り組みをしている茶園があることを知り、参考にしたそうだ。この制度、特に広告をしてもいないのに、ほとんど口コミだけで広がり、2020年5月末の時点で会員が110人を超えた。

仙霊茶のECサイトに茶畑オーナー制度を掲載したところ、数日にひとりのペースで会員が増え続けているという。

「日本では、無農薬のお茶って数％しか栽培されていないんですよ。でも、そこには確かな需要があって、自然栽培のお茶を飲みたいという人が、口コミで会員になってくれるんです。ここまで反応がいいとは思ってなくて、これはすごいなと思いましたね」

冒頭で野村さんが言っていた「川に足を浸しながらお茶を楽しむ川床茶会」は、この茶畑オーナーの会員向けに開かれているもの。ほかにも、この書籍に登場する3年待ちの通販専門パン屋さん、ヒヨリブロートの塚本さん（20ページ）とコラボして（車で1時間ほどの距離で、友人だったそう）、仙霊茶の茶葉を使ったオリジナルパンをつくって会員に送付するなど、魅力的な特典で会員を惹きつけているのだ。

茶園に集うユニークな仲間たち

日本で数％しかつくられていない自然栽培のお茶は、お客さんだけでなく、サポートしてくれるメンバーも引き寄せた。今、野村さんのもとで4人の女性がレギュラーで働いているのだが、それぞれ野村さんの取り組みに共感し、仙霊茶に魅力を感じてなにか一緒にやりたいと集ったメンバーだ。

そのうちのひとり、三木美捺子さんは、もともと紅茶をつくりたいから茶葉を使わせてほしいと訪ねてきた主婦。話をしているうちに親しくなり、野村さんから「一緒にやりませんか?」と声をかけた。三木さんは、アイデアが豊富で行動力も抜群。次々と新商品を考案しては都内のレストランとコラボするなど、開発、宣伝、販売を担っている。

2019年の春、茶摘みのアルバイトに来た杉本恵さんは、茶園の絶景に魅せられて、手伝いにくるようになった。その年の5月、野村さんが運営していた日本酒バーを仙霊茶のアンテナカフェに変え、その店を任せたところ、持ち前の愛嬌の良さで、ひとりではお店をまわせないほどのお客さんが入るようになった。そこで、三木さんの紹介で加わったのが石田千春さん。ホテルでお菓子をつくっていた経験があり、カフェでは仙霊茶の茶葉を使ったタルトなど焼き菓子を出すようになった。このカフェのお客さんが茶畑オーナー制度の会員になるなど、仙霊茶を宣伝する場として十分に機能するようになったという。

最後のひとりは、山里佳世さん。野村さんのサラリーマン時代の後輩で、野村さんにつられて朝来に移住し、しばらくの間、野村さんの日本酒バーで働いていた。２０１９年の春、妊娠を機に実家に戻った後は、仙霊茶のウェブサイトの管理や商品の発送、茶畑のオーナーに向けた定期的な情報発信をリモートで担当している。

「僕は根本的にすごくサボりたがりなんですよ。だから、彼女たちがアイデアを出したり、自分たちでどんどん動いてくれるのはすごくありがたいんです。勢いで起業しましたけど、僕はそこまでエネルギーが強くなくて、周りが活性化すると自分も巻き込まれて元気が出るタイプなので、彼女たちに任せられることは任せて、なるべく機嫌よく働いてほしい（笑）」

野村さんはもともと社交的で顔が広いこともあり、２０２０年春の茶摘みには、かつて神戸の三ツ星レストランで働いていた料理人や、神戸の三宮で日本茶カフェを開いた学生起業家など、さらにユニークなメンバーが集まった。

従来の茶園ビジネスの常識を覆す

こういった出会いからアイデアが広がり、野村さんは今、茶葉だけでなく、茶園での体験も売りにしようと考えている。

「料理人の子とは、お昼にランチボックスとお茶を出して、茶園を散策しながらランチできるようにしようかと話しています。ゆくゆくは、茶園でオーベルジュをしたいと思っていて、資金調達を考えています。茶園の近くの古民家を宿にして、茶園のなかに景色を楽しむレストランをつくるんです。いいでしょ？　起業家の学生はもともと花屋さんで働いていたんだけど、農薬がきつくて辞めざるをえなかったみたいで。だから、茶園の一部に花を植えて、オーガニックの花屋をやったら？　と話しています」

慌ただしい現世から隔絶されたような静けさで、清涼な空気が流れる仙霊茶の茶園は、確かに「場」としての価値も高いと感じる。

春から夏にかけては、爽やかな日差しのなか、小川に足を浸しながら彩り鮮やかなサンドイッチを頬張り、キリッと冷たい緑茶を飲む。秋から冬にかけては、テントで風をよけながら景色を楽しみ、具だくさんでホクホクのホットサンドを片手に、温かいほうじ茶を飲む。その様子をイメージすると「また仙霊茶の茶園に行きたいなあ」と思うし、参加してみたいと思う人も少なくないだろう。

野村さんが仙霊茶を育む茶園のオーナーになって、3年目。まだまだ黒字化には遠いが、「どうにかなるでしょう」と楽観的だ。そう思えるのはきっと、野村さんのもとにユニークな仲間が集まってきているから。仲間がいることで新しいアイデアがさらにどんどん湧いてきて、一緒にそれを実現するのが楽しみで仕方ないという昂る想いが伝わってくる。

実際、野村さんの頭のなかには、「これからやりたいこと」が渦巻いている。茶の樹はツバキ科で、花が咲いた後に大きな実がなる。その実を搾って油を採り、椿油と同じように食用や美容用のオーガニックオイルをつくったらどうだろう？　現在、茶葉は機械で刈り取っているが、茶葉を手摘みすると、確実においしくなる。茶葉を袋詰めする作業を発注している地元の福祉作業所に、しっかりと時給を払って手摘みの作業も依頼したらどうだろう？　福祉作業所で働く障がい者の自立支援にもつながるし、その取り組みを応援したいと思う人もいるかもしれない。

従来の茶園は、茶葉を売るだけだった。お茶と茶畑をベースにした多彩な展開は、お茶ビジネスの新しい可能性ともいえる。会社員時代からイノベーティブなアイデアを求められていた男が、なにをするのも自由な自分の茶園を手に入れた。閃きを形にするのは、自分次第。野村さんの『フィールド・オブ・ドリームス』は、幕が上がったばかりだ。

仙霊茶

元デザイナーが生み出した創作おはぎ。1日に3000個売れる理由

森のおはぎ　森百合子

大勢の人でにぎわう大阪梅田駅から阪急電鉄宝塚線に乗り、15分。岡町駅で降りると、そこにはのんびりとした空気が流れていた。

駅前から豊中市役所まで続く、昔ながらの雰囲気の桜塚商店街。地方では閉店したお店ばかりのシャッター商店街が広がっているけど、ここは小さなお店が肩を寄せ合い、地域の生活の場として息づいていた。

目的地は、商店街の一角に小さなお店を構える森のおはぎ。ある日、たまたま手に取った『週刊文春』に「おはぎ春の陣」という特集ページがあり、いくつかのおはぎやさんが取り上げられていた。そのなかで、ひとめ惚れしたのが森のおはぎ。小ぶりで品のある、カラフルなおはぎに惹きつけられた。

子どもの頃から今に至るまで、いわゆる普通のあんこと黄な粉のおはぎしか食べたことのない僕には、どんな味がするのか見当もつかなかった。気になってググってみ

ると、関西ではさまざまなメディアでたびたび取り上げられている行列のできる人気店で、豊中市にある本店のほか、関西一の歓楽街とも称される大阪の北新地にもお店を出していた。しかも、ひとりの女性が独学で始めたとある。

おはぎに行列⁉　北新地にも進出⁉　ますます興味が募った僕は、その女性、森百合子《もりゆりこ》さんの話が聞きたくて、某日、大阪に向かったのだった。その日は夏のような日差しで、商店街のアーケードを抜けると、気持ちのいい青空が広がっていた。スマホのマップを見ながら森のおはぎの店を探す僕のすぐ横を、ランニングシャツ姿のおじいちゃんが自転車で走り抜けていった。

訪問したのは月曜日で、森のおはぎの定休日。森さんはお店の工房で、スタッフの皆さんとおはぎをつくっていた。こんにちは！　と挨拶をかわし、すぐ隣のカフェへ。白い割烹着のままの森さんに、「今も現場でおはぎをつくっているんですね」と尋ねると、「はい、そうです」とニッコリ微笑んだ。

アルバイト先でお菓子づくりに熱中

1979年、大阪で生まれた森さんは、建物の設計やプロデュースをしていた父親

の仕事の都合で小学生の頃、奈良市に移った。母親は同じ会社で、建築物のパース（完成予想図）を描いていたそうだ。

森さんは長女で弟がふたり。家族で映画『ネバーエンディング・ストーリー』を観に行った後、みんなでカレンダーの裏側に自分が一番印象的だったシーンを描いた思い出があるという。家族でサーカスを観に行った時にも、同じようにカレンダーの裏に絵を描いた。

森さん自身は「絵を描くのが好き」「モノづくりが好き」という感覚がないまま高校生になったが、進路を決める時に母親から「絵、描くの好きなんやから芸術系に行ってみたら？」と勧められた。それで、なんとなく芸術系の大学に進むための専門学校に通い始めると、あっという間に絵を描く楽しさに夢中になった。さすが、母親は娘のことをよく理解していたのだろう。

1998年、大阪芸術大学に入学。自宅から電車通学しながら、工芸科でテキスタイルデザインを学んだ。生地を染色したり、生地のデザインをしたり、繊維を使って立体的なオブジェをつくるような学科だ。

実はこの学生時代、おはぎづくりにつながるような経験をしていたが、それは学校ではなく、アルバイトしていた喫茶店の厨房だった。そこは和菓子と洋菓子、軽食まで出すお店で、森さんは4年間、厨房で寒天からあんみつをつくったり、シュークリームの生地を焼いたり、カスタードクリームを炊いたりしていた。

そこである日、「同じ材料を使っているのにつくり手によってカスタードの味がぜんぜん違う」ことに気づいた。クリーミーで甘さあっさりのものもあれば、固くて絞り袋に入れても出てこないもの、口のなかでべたーっとして甘ったるくなるものもある。なぜそうなるのか、どうやればおいしくつくれるのか、バイトながらも熱心に試行錯誤した。

「火加減が一番大事やったんかなあ。強火で炊くのがポイントで、しっかり素早く混ぜるとクリーミーで甘さがあっさりするんです。そこで混ぜる手が追い付かないからといって弱火にすると、もたーっとする。人によってぜんぜん仕上がりが違うから、そのうち、クリームを舐めただけで、これは宮本さんのや、これは鈴木さんのやとわかるようになりました(笑)。自分が担当してうまく炊けた日には、大学の友だちに『今日はおいしいカスタード炊けたわ』って報告してたみたいですね」

そのこだわりはおいしくつくるだけにとどまらず、盛り付けにしても、できる限りおいしそうに、かわいらしく見えるように気を使った。大学4年生の頃には最古参のアルバイトになっていたので、雑につくったり、適当に盛り付ける後輩にはしっかりと指導した。

「自分なりにすごくこだわり持ってつくってたんで、4年間、楽しかったですね」

ここまで真剣にお菓子づくりと向き合っていた森さんだが、「仕事にしよう」という感覚はなかったという。特にこれがしたいという希望もないまま、周囲に流されるように就職活動を始めて、京都の寝具メーカーを受けたらたまたま採用されたので、就職。大阪の本町にデザイン室があり、テキスタイルデザイナーとして、寝具の生地のデザインを考えたり、ベビー布団の柄を描く仕事をしていた。

この会社を5年で辞めることになったのは、いくつかの事情があった。まず、繊維業界が不況になり、本町のデザイン室を京都の本社に集約することになったこと。自宅から京都に通うのは遠かったし、それなら京都に住もうという気持ちも湧かなかった。大きな会社のデザイン室で働いていると、自分の仕事は歯車の一部でしかない。会議で決まった内容を、その通りにデザインする。そこには創造力を発揮したり、工夫を凝らしたりする余白がなく、お客さんの顔も見えない。次第に「これって、お客さんが本当に喜んでくれてんのかな」という疑問が募っていた。とはいえ、イチ社員にはどうすることもできないというもどかしさを感じていた。

その頃、同じくデザイナーをしていた彼と結婚したことが最後の決め手となり、退職を決意。２００７年、28歳の時に大阪の岡町で新生活をスタートした。

「私、おはぎやさんするのが夢やねん」

岡町に引っ越した後は、同じ繊維業界で週3日のパートタイムの仕事を始めた。寝具メーカーから染色の依頼を請けて、適切な色を指定し、染色工場にオーダーするという会社で、働いていた寝具メーカーと一緒に仕事をすることもあったそうだ。

ところが、やはり繊維不況で週3日の仕事が週2日に減り、手持ち無沙汰に。そこで夫に「なんかできることないかな?」と相談したところ、話の流れでこう言われた。

「アルバイトとかではなく、パティシエとか自分でなにかしてみたら?」

パティシエ……確かに、アルバイト時代はお菓子づくりが楽しかった。「それならマカロンはどう?」と尋ねたら、首を横に振られた。これはどう? あれはどう? といくつかアイデアを出しても、バッサリと切り捨てられる。当時、企画の仕事に携わっていた夫は、森さんの案にも妥協がなかった。

うーん、どうしたものか。ふと、仕事帰りにいつも、おはぎとわらび餅を買って食べていることを思い出した。夏の間はわらび餅、春秋冬は黄な粉のおはぎ。特にシーズンが長いおはぎは、どこのおはぎがおいしいか、いろいろなお店を巡っては食べ比べしていた。そうだ、私はおはぎが大好きだったんだ。

「おはぎやさんってどうかな? 自分が食べてて体に優しかったら嬉しいし、雑穀を使ったおはぎって良さそうじゃない?」

それまで、なにを言ってもピンとこなそうだった夫が、少し驚いた様子で言った。

「おはぎ、いけるんちゃう? もう明日からあんこ炊き!」

翌日、森さんは書店に走って料理本、レシピ本を何冊も購入した。実は、一度もあんこを炊いたことがなかったのである。その日から、毎日あんこを炊く日々が始まった。

それから、友人や知人、初めて出会う人にも「私、おはぎやさんするのが夢やねん」と伝えるようになった。それは、森さんの人生において、とても大きな変化だった。「子どもの頃から、これがしたいっていうものがあまりなくて。基本的に流れに身を任せてる感じだったから、これがやりたいっていうものがある人とか、しっかりと自分を持っている人を見ると、すごいな、羨ましいなと思ってたんですよね」

自分でも驚くほどはっきりと自覚した、「おはぎやさんをやりたい」という意志。この気持ちを大切にするためにも、恥ずかしがったり、躊躇したりすることなく、言葉に出すようにした。するとある日、友人の知り合いで初めて会ったばかりの人から「イベントみたいな感じでおはぎ売ってみたら?」と言われた。以前の森さんなら「やってみようかな」「やってみたいですね」と曖昧に答えていたかもしれないが、その時は「やります!」と即答。すると、とんとん拍子で心斎橋のカフェでイベントを開催することに決まった。

スピーディーな展開に舞い上がった森さんだが、すぐに我に返った。

世の中に溢れているあんこと黄な粉のおはぎのイベントをしても、誰が食べに来てくれる？　食べたことない、見たことないおはぎをつくらなきゃ、誰も来てくれへん。

帰宅した森さんは、それから思いつく限りのおはぎの案を書き出し、試作を始めた。頭のなかであれこれ考える前に、手を動かした。見た目の目新しさだけじゃなく、あんこの味も研究を重ねた。例えば、おはぎはあんこともち米にかなりの砂糖を入れるのだが、それはあんこを日持ちさせるためだったり、もち米の柔らかさを保つためという理由がある。そういうつくり手側の都合ではなく、素材の風味や香りが活きる、自分がおいしいと納得できる甘さを出すために、試行錯誤した。

たくさんの人に来てもらいたいからと、夫婦でイベント告知のハガキ（DM）もデザイン。自分がいつも通っているショップに「私、おはぎのイベントしようと思って、DMを置かせてもらえませんか？」と訪ね歩いた。

イベントと路上販売で大人気に

2009年12月、初めてのイベント。自分で食べても「おいしい」と自信を持って提供できるおはぎを用意した。定番のあんこと黄な粉に加えて、みたらし、くるみ、ほうじ茶など新作を加えた計8種類。どれもひとつ百数十円。雑穀を使い、甘さは控えめにして、彩りを鮮やかかに。女性でも食べやすいようにと、赤ちゃんのこぶしほどの大きさにまとめた。

オープンと同時に友人、知人、たくさんの人が来て、200個用意したおはぎが見事に完売。そのうえ、DMを置かせてもらったお店の店員さんが森さんのおはぎを一瞬で気に入り、天神橋にあるカフェでイベントをしませんか？　と誘われた。もちろん、返事は「やります！」。

年が明けて1月31日に天神橋で開催されたイベントも、大盛況。320個のおはぎと、小さなどら焼き50個が売り切れた。この時もDMをつくり、それを置かせてもらったショップのスタッフさんが何人か、買いに来てくれた。そのうちのひとり、神戸でアクセサリーを販売しているショップのスタッフさんから、「年に2回、マルシェやってるんですけど、出店してもらえませんか？」と声をかけられた。

まさに、数珠つなぎ。しかも、森さんはそのショップのアクセサリーが大好きで、結婚指輪もそこでつくったものだ。そのショップのマルシェに出店できることが嬉しくて、新しいＤＭを持って夫婦で挨拶に行った。その時、もともと顔見知りだったショップの社長が、ＤＭを眺めながらこう言った。

「目をつぶったらお店が見えるから、早くオープンしたほうがいいよ」

お店はまだ先の話と思っていた森さんは、「ええ!?」と驚いた。実は、店を開いたほうがいいと助言されるのは2回目だった。

同じ年の4月から大阪・新町のバーの店頭で、毎週月曜の昼間におはぎを販売することになるのだが、そこは最初にイベントした日の夜、関係者と打ち上げをした店だった。そのバーのオーナーにも「雑穀使ったおはぎなんて、もう数年後には誰かにまねされるで。とにかく早く店出し。場所代とかいらんから、うちのお店の前で売り」と言われていたのだ。

間もなく、その4月を迎えた。路上販売は、予め周囲に告知できるイベントと違う。買ってくれる人がいるのかなと不安と期待を抱きつつ、自宅でつくったおはぎをクーラーボックスに入れて電車で運び、店先に小さなテーブルを出して、販売を始めた。毎回4種類、60個以上のおはぎを持っていった。

昼間はそれほど人通りの多い場所ではなかったが、すぐに毎回完売するようになった。毎週買いに来てくれる人もいた。

「イベントってやっぱり知り合いが多いけど、路上販売のお客さんはほとんど知らない方じゃないですか。だから、自分がつくったものがこんな喜んでもらえるという反応を直に感じられて、すごく嬉しかったですね。お客さんにとっても、つくった人が売ってるってわかりやすいし。お客さんと距離が近い仕事ってこんなに楽しいんだなって思いました」

その4月の末に神戸のマルシェがあり、この時は父母、弟2人と家族総動員でおはぎ400個を用意。それも飛ぶように売れていき、1時間半でなくなった。実はこの時、まだ週2日のパートタイムの仕事を続けていたのだが、「ほんまに早く店をオープンせなあかんかな……」と考えるようになっていた。

背中を押した女将さんの言葉

店を開きたいと家族に話すと、父親や弟たちは応援してくれたが、母親だけは「ええ!? そんなんやめとき! 商売できんの? やったこともないのに!」と心配そうだった。それでも森さんの決意は変わらず、それから急ピッチで準備を進めた。

店を開くためには、まず場所を決める必要がある。最初は大阪のなかでも繁華街に店を出そうかと考えていたそうだ。ただ、ひとつ百数十円のおはぎを売る店にしては家賃が高く、やっていける自信がなかった。

岡町在住の森さんは、地元の桜塚商店街にある行きつけの居酒屋で、女将さんに相談した。すると、「うちの前のお店、ちょうど空いたで。ひとりで始めるにはちょうどいい大きさや」。

灯台下暗し。考えてみれば、自宅から近いほうが楽に違いない。森さんはその物件に興味を持った。ただ、母親の反対だけが気になっていた。それを女将さんに打ち明けると、女将さんはこう尋ねた。

「今、自分の周りにいろんな人のパワーが集まっているように感じない？」

「感じます」

「それなら、今しかないわ。そういうことが人生で一度も起きない人もいるのよ」

この言葉に背中を押され、翌日、すぐに不動産屋に連絡して、物件を見に行った。その瞬間、「ここや！」と直感。その日のうちに契約することを決めた。

お店のデザインは、「ちょっと変わったおはぎだからこそ、親しみのある風景にしよう」と考えた。古道具屋で仕入れた水屋簞笥《だんす》を店先に並べ、扉には大正・昭和に使われていたゆらゆらガラスをはめ込んだ。すると、外装、内装工事をしている時に、通りがかりのおじいさんが「懐かしいなこれ！　水屋やん！」と声をかけてきたり、レトロな雰囲気に惹かれた若い人が「いいですね、これ！」と話しかけてきた。オープン前から下町の商店街に馴染んだようで、森さんはホッとした。

母親も、ここまで来たらもう後戻りできないと思ったのだろう。森さんが店先につるす品書きを頼むと、素敵に仕上げてくれた。看板は、金属工芸の作家になった末弟に頼んだ。

プレオープンは2010年7月1、2日。両日、11時の開店前から大勢の人が並び、200個のおはぎが、わずか3時間で完売した。ひとりで販売を担当した森さんは、写真を撮る暇もないほどてんてこ舞いだった。その数カ月前に知り合って以来、親しくしていた大阪・箕面《みのお》に本店を構える和菓子処「かむろ」の店主、室忠義さんは「ほら言ったやろ、売れてまうやろ！　人雇わなあかんで」と言いながら、開店祝いにレジを差し入れてくれた。プレオープンの2日間、電卓で計算していた森さんにとって、大きな助け舟だった。

正式オープンは、7月7日。この日はプレオープンよりも長蛇の列ができて、2時間で350個以上のおはぎとわらび餅が売り切れた。この勢いは、なんと4日間続いた。当時、森さんは基本的にひとりでおはぎをつくり、お店を運営していたので、おはぎがなくなると店じまい。オープンから1週間もすると「すぐ閉まるお店」と言われるようなった。

「この頃は、もうむちゃくちゃでした。11時から店を開いたらすぐに売り切れて、店を閉める。午後は16時からで、それまでに必死でつくるんですけど、すぐにまた売り切れて、その日は閉店。営業が終わってから次の日の分を仕込んでましたけど、もう時間足りひん！　ってなってました」

「すぐ閉まるお店」はあっという間に話題を呼び、立て続けにテレビに取り上げられて、さらにお客さんが押し寄せてきた。いくらつくってもおはぎが瞬く間に売れていくので、夫も自分の仕事を終えた後に自宅であんこを炊いて、必死にサポートした。森のおはぎの2010年は、怒濤の勢いで過ぎ去った。

北新地に店を出した理由

年が明けてもこの流れは変わらず、行列ができる、メディアで話題になる、また行列ができるというサイクルが続いた。百貨店から催事のオファーも届くようになり、あちこちで出店するようになった。そこで、ひとり、ふたりとスタッフを増やしていき、たくさんお客さんが来てもすぐに品切れしないように、生産体制を強化した。

2013年には、夫も仕事を辞めて森のおはぎに加わった。

「もともと、いつかなにかふたりでやりたいよね、ゆくゆくは一緒にできたらいいよねと話していたんですよ。夫も私も想像以上にハードな生活になってしまったんで、辞めるべくして辞めたっていう感じですね」

夫婦で森のおはぎに携わるようになったことでようやく心と時間に余裕が生まれ、次のステップに進むことができた。

2014年1月、大阪を代表する歓楽街、北新地に2店舗目となる「森乃お菓子」をオープン。ここでは、岡町の本店にはないおこしやかりんとうも用意した。下町の岡町と北新地ではギャップがあるように感じるが、話を聞いてみれば、森さんらしい選択だった。

「もともと都心部に店を出したかったのは、会社勤めしていた時、私自身が仕事帰りにおはぎを買ってたから。自分へのご褒美だったり、手土産として気軽に買える場所にしたかったんです。私が小さい頃、父親が買って帰ってくるお土産にワクワクした思い出があって。そのワクワクが、私のお菓子やったらいいなっていうのもありました。実際、仕事帰りにすっと寄りやすいところなんで、お客さんにはすごく喜んでもらってます」

北新地のお店は、会社帰りの時間に合わせて16時30分オープン。こちらもすぐに、毎日完売するような人気店になった。

森さんが大切にするもの

それから6年が経ち、現在。２店舗を営む経営者になり、スタッフも20人まで増えて、子どもも生まれた。２０１０年の開店当初とは異なる質の忙しさに追われるようになったが、森さんの「おいしいおはぎをつくって、お客さんに届けたい」という想いは揺るがず、スタッフと一緒におはぎを握る。

「自分が食べておいしい、嬉しいって思うものこそ、お客さんも『また食べたい』っていう味になると思うんです。うちはあんこを3種類炊き分けていたり、見えないところでいろいろこだわっているんですけど、現場にいれば、ちょっともち柔らかいんちゃうとか、あんこ柔らかいでとか、なにかブレがあった時にすぐに気づけるじゃないですか。スタッフとみんなで楽しくつくっていると自分も元気もらうし、ぜんぜん苦ではないかな」

森さんにとって「自分が食べておいしい」は絶対的な基準で、だからむやみに新作を出さないし、変わり種のおはぎもつくらない。季節の変わり目などに店頭に並ぶ新作は、森さんが何度も試行錯誤して「むっちゃおいしい！」と感動したものだけ。例えば、夏に登場する「焼きとうもろこしもち」は、その厳しい審査をくぐり抜けてきたものだ。

最初はもち米をあんこで包む形で、外側のあんこにとうもろこしを混ぜた。でも、「なんぼやってもおいしくならへんわ」と数年間、眠ったままだった。ところがある日、あんこをもち米で包む形に変えて、もち米にとうもろこしを混ぜてみようと閃き、試してみたら「あれ、めっちゃおいしいんですけど！」。さらに遊び心を加えて、夏祭りのように醤油を塗って軽く焼いてみたら、びっくり仰天の味に。これをお店で売り

始めると、とうもろこし？　と半信半疑でひとつ買った人のなかには、次に来た時に「衝撃やったで！」と10個買って帰った人もいたという。今では、お客さんから「とうもろこし、そろそろ出る？」と尋ねられるような人気商品になった。

近年、華やかな見栄えだったり、珍しい素材を売りにした「創作おはぎ」を出すお店も増えているが、森さんは話題づくりに興味はない。

「おはぎってもち米との相性が大事なおやつやし、しみじみおいしいって思えるものを出すっていうのは、譲れないところで。いくら見た目がかわいくても、もう一回食べたいって思ってもらわないと、ずっと続けていけないし。使う素材にしても、こだわりすぎると価格も上がっちゃう。私にとって、おはぎは家庭のおやつで、やたら値段が高いっていうのは違うなっていうのがあって。東京の人には安すぎるって言われることもあるけど、高くなりすぎないところでベストのおいしさを出すことを大切にしたいんです」

1日に3000個のおはぎが売れる店

「また食べたい」と思ったら、気軽に立ち寄れるお店でありたい。そう考えている森さんは、できる限り店頭にも立つ。その時は、お客さんに対していらっしゃいませ、ありがとうございました、というお決まりの接客ではなく、「こんにちは」の挨拶から始まり、帰り際には「お気をつけて」と声をかける。この言葉遣いも、お客さんとの距離感を大切にする気持ちの表れだ。

森さんは、お店に来るお客さんとよく話をする。時には、森さんと話をして、おはぎを買わずに帰るお客さんもいる。店先で、プライベートのディープな相談をされたこともある。森さんは、それが嬉しいという。

効率とか生産性を考えれば無駄と切り捨てられそうな時間だが、そうすることでたくさんのお客さんと顔見知りになり、仲良くなった。森さんがお客さんとの雑談で「銀行で両替すると手数料がかかる」と話したら、それ以来、自宅で貯めた1円玉をどっさりとビニール袋に入れて、定期的に持ってきてくれるおばあさんがふたり（！）もいるそうだ（そのうちのひとりが最近亡くなってしまったと、森さんは悲しそうにしていた）。この話を聞いた時、僕は昭和の下町を描いた映画『ALWAYS 三丁目の夕日』を思い出し、「今の時代にそんなお店があるのか！」と驚いた。

そして、ハッとした。森さんのおはぎは、確かにかわいらしく、なによりおいしい。それが人気の理由だと思い込んでいたのだけど、流行り廃りがジェットコースターのようにスピーディーな現代、話題になった商品はすぐにコピーされ、消費され、いつの間にか忘れ去られていく（パンケーキブームはどこへいった？　タピオカの行く末は？）。

かわいくて、おいしいだけなら、すぐに飽きられてしまったに違いない。森のおはぎはきっと、たくさんのお客さんたちの「日常」に溶け込んでいるのだ。ふとした瞬間に「また食べたいなあ」と思い出したり、近所を通りかかった時に「あ、ちょっと寄っていこうかな」と思われる存在なのだろう。

毎年、お彼岸になると長蛇の列ができるという。今年も、1日で3000個のおはぎが売れていった。森さんはその日もスタッフとお喋りを楽しみながらおはぎを握り、店頭に立って、こんにちは、お気をつけて、と言い続けた。

森のおはぎ

第2章　世界で唯一のものをつくる

元ＯＬと泡盛界のレジェンドが生んだ、世界唯一のラム酒　グレイス・ラム　金城祐子

羽田空港から沖縄の那覇へ飛び、プロペラ機に乗り換える。沖縄本島から東へ約３６０キロ、太平洋上にポツンと浮かぶ南大東島に向かう飛行機は40人ほどしか搭乗できない小さな機体で、客席はバスのようだった。

出発のアナウンスが流れ、機体がググッと浮き上がると、それからおよそ１時間、深いブルーの海上を飛び続けて、南大東島に到着する。飛行機のタラップを降りて、徒歩で空港の建物まで歩いている間に、汗がにじみ出てきた。

サンゴ礁が隆起してできた周囲20・８キロの島は、１９００年に初めて人が入植し、サトウキビ栽培によって拓かれた。現在も、耕地面積の９割をサトウキビが占める。１９１７年に開通した沖縄初の電車「シュガートレイン」に乗っていたのは、人間ではなく収穫されたサトウキビだった。

この絶海の孤島で、世界でもほかにないラム酒がつくられているのをご存じだろうか？　ラムは、ジャマイカやキューバなどカリブ海諸国が発祥の地とされているサト

ウキビを原料にしたお酒で、ウォッカ、ジン、テキーラとともに「世界四大スピリッツ」と称される。調べたところ、現在80カ国以上で生産されているようだが、化学香料による香りづけ、カラメルなど化学色素による着色が一般的に行われていることはあまり知られていない。

そのなかで、２００４年に創業された沖縄のベンチャー、グレイス・ラムは、２年にもわたる試行錯誤の末に無添加無着色の生産方法を確立。化学の力を借りずに、南大東島産サトウキビのジューシーな甘みを活かした、爽やかで薫り高いラム「COR COR（コルコル）」をつくり上げた。

海外のインポーターを魅了

グレイス・ラムが生産しているラムは、２種類。ひとつは、南大東島の製糖工場でサトウキビから砂糖をつくる過程で生じる副産物「糖蜜」を使った赤ラベル。ちなみに、この製法でつくられるラムが世界のおよそ98％を占める。もうひとつは、南大東島産の新鮮なサトウキビの搾り汁だけを使って発酵・蒸溜する製法「アグリコール」でつくった緑ラベル。この製法のラムは世界の生産量の２〜３％しかないが、グレイス・ラムの緑ラベル「コルコル・アグリコール」はさらに希少だ。

アグリコールの製法には二通りあり、搾ったばかりの汁をそのまま使う伝統的な手法と、搾り汁を煮詰めてシロップ化する近代的な方法がある。近代的な方法は冷凍保存できるというメリットがあるが、コルコル・アグリコールが採用しているのは、よりフレッシュな伝統的手法。この方法でつくられた無添加無着色のラムは、恐らく世界にひとつしかない。

糖蜜を使った赤ラベルとアグリコールの緑ラベルは驚くほど味が違う。その個性、なにより無添加無着色という際立つクリーンなイメージが世界のインポーターを惹きつける。

「これまでに出荷した国はアメリカ、フランス、イギリス、オランダ、スイスですね。以前に中国、香港、オーストラリアからも商談の依頼があったんですが、とてもじゃないけど対応できない莫大な数のリクエストだったから、残念ながらお断りしたんです。海外からの注文はぜんぶ、先方からの問い合わせですね。不思議ですよね。海外に営業していないので、よく見つけてくれたなと思います」

グレイス・ラム代表として社員3名を率いる金城《きんじょう》祐子《ゆうこ》さんは、こう続けた。

「うちのラムはほかのラムとつくりも味も違うので、創業時からいろんな意見があったんです。でも、無添加無着色のコンセプトは絶対に曲げないと思っていました。いつか時代の流れをつかめるはずだから頑張ろうって。異端児扱いされてくじけそうになったこともあるけど、今は強みになりました」

社内ベンチャー制度に応募

那覇出身で、短大卒業後、何度かの転職を経てPHS事業を展開していたアステル沖縄（2005年に解散）に勤めていた金城さん。いわゆる普通のOLが国産ラムの生産を思いついたのは、友人夫妻が経営する那覇のバーだった。ラムベースのココナッツリキュールを飲んだ時に、友人からラムの原料がサトウキビだと聞いて、疑問が湧いた。

「沖縄にはサトウキビがたくさんあるのに、ラムがない。泡盛はタイ米を輸入してつくっているから、沖縄のサトウキビでラムをつくったら、そっちのほうが地酒っぽくない？」

数日経っても、その思い付きが頭から離れない。モヤモヤしていた金城さんは、思い出した。親会社の沖縄電力から、社内ベンチャー制度の応募用紙が配られていたことを。

「今なら書けるかも」と、その用紙を埋めるためにラムについて調べ始めた。例えば、日本で流通しているラムの9割は輸入物で、輸入量は2001年に、約211万リットル。この数字はだいたい横ばいが続いている。

調べを進めるうちに、南大東島では以前にラムづくりの構想があり、世界中のラムを集めて試飲会をしたという情報を見つけた。この構想は実現しなかったが、ラムをつくろうと考えた島があるというのは心強いと感じた。南大東島に泡盛メーカーがないことも、好条件だった。「島の酒」が根付いていたら、新しい酒はつくりにくい。

金城さんは、奇遇にも南大東島の船から荷揚げをする仕事をしていた夫にアイデアを話した。夫は「いいんじゃない」と賛成した。

「那覇から南大東島に向かう船は生活物資をたくさん積んでいるのに、船が那覇に戻ってくる時は空っぽなんだ。もし南大東島のラムができたら、地元の人も、船会社も、荷揚げの業者も仕事が増えるからいいことだよ」

夫から背中を押されたこともあり、２００２年、29歳の時に「南大東島で国産ラムをつくる」というアイデアで社内ベンチャー制度に応募した。するとあれよあれよという間に書類審査、役員面接を突破。親会社の沖縄電力の重役にプレゼンをする最終審査を数カ月後に控え、アステル沖縄から沖縄電力に籍が移された。より詳細な事業計画を立てるための時間が与えられたのだ。

つくり手がいない

とはいえ、それまでＯＬだった金城さんがひとりでなにもかも担当するのは荷が重い。そこで沖縄電力は、助っ人として南大東島のラム構想に携わっていたコンサルタントをつけた。そのコンサルの紹介もあって南大東島の商工会や村長から了解を取り付けることができたが、肝心の「誰がラムをつくるのか」はなかなか決まらなかった。つくり手が決まらなければ、どんな魅力的なプロジェクトであっても机上の空論、絵に描いた餅だ。

当時、日本国内に流通しているラムの9割超は輸入物で、国産ラムをつくっていたメーカーは小規模な3社のみだった。その状況で、ラムづくりの技術を持つ日本人を見つけるのは難しい。ほかのお酒のつくり手にまで範囲を広げたものの、なかなか適任が見つからない。一時期、ラムの本場キューバから技術者を招聘しようとも考えていたそうだ。

このつくり手探しの最中に、ふと疑問に思ったことがあった。ラムは、お菓子やスイーツでも使われる。お菓子やスイーツのメーカーはどれぐらいラムを使っているのだろう。金城さんはすぐに、パッと思いついたメーカー3社に電話をかけた。1社目、2社目とつれない反応が返ってくるなかで、チョコレートの「ロイズ」で有名な北海道のチョコレートメーカー、ロイズコンフェクトは対応が違った。

電話はすぐに商品開発部にまわされ、担当者のWさんが出た。金城さんが電話の意図を告げ、「国産のラムをつくろうとしているんです」と打ち明けると、受話器の向こう側でWさんが前のめりになるのが伝わってきた。Wさんは「使っているラムに違和感があって、ベネズエラにラムを探しに行ってきたところなんです」と話し、現地で仕入れたサンタテレサというメーカーのホワイトラムについて、どう思うかと金城さんに意見を求めた。

金城さんもそのラムを知ってはいたが、お菓子に合うかどうかはわからない。それを正直に伝えると、Wさんは「そうか」と頷いた後で、「国産をつくろうとしているんですよね。できたらすぐに送ってくれませんか？」と言った。「はい、できたらその時はぜひお願いします！」と答えて、金城さんは電話を切った。

ラムの使用量も聞いて目的を果たした金城さんだが、それよりも気になったのは「違和感」という言葉だった。なぜだろうとラムの製法を調べてみて、その時、初めて知った。世の中の大半のラムが化学香料や化学色素などの添加物によって色付け、香り付けされているのだ。

ということは、食材にとことんこだわっているようなメーカーにとって、ラムは悩みの種になっているはずだ。だいたいどれも添加物を入れているから、ほかに選択肢がないのだから。そのことに気づいた金城さんは、Wさんの違和感の理由はこれだ！

と直感した。

偶然のやり取りからラムに使われる添加物の存在を知った金城さんは、「無添加、無着色のラムをつくりたい」と考えるようになった。そのためにも、添加物を使うつくり方に慣れた海外の技術者を連れてくるのはやめて、国内で人材を探そうと思い直した。ここから、長く険しい道のりが始まる。

ちょうどその頃、金城さんをサポートしていたコンサルが、某泡盛メーカーの技術者に出向してもらおうと提案してきた。仕込み、蒸溜、貯蔵の方法に関して泡盛とラムは共通点が多いため、応用できるという。

それなら、とコンサルと一緒に泡盛メーカーに話を聞きに行ったが、高額の出向費用と設備投資を求められて、困り果てた。金城さんにとって金額よりも問題だったのは、知識がないため適正価格がわからないことだ。

「……なんか違う」

悔しさと同時に違和感を抱いた金城さんは「自力で見つけよう」と胸の内で決意する。そうはいっても、もともといい人材がいないからコンサルが代案を出してきたので、無下に断ることもできない。つくり手が見つからなければ、このプロジェクトは終わるのだ。

難航したのは人材探しだけではなく、順調なことはなにひとつなかった。プレゼンに向けて資料をまとめても、上司である部長からはダメ出しの嵐。実力不足を自覚し、嫌気がさして、最終プレゼンまで残り３カ月の時点で、緊張の糸が切れた。

「辞めさせてください」

私にはできない、ごめんなさいと泣きながら部長に訴えた。すると、慌てた様子の部長が手のひらを返すように、それまでの頑張りをべた褒めした。「褒められて伸びるタイプ」を自覚する金城さんはそれで少し気持ちが晴れて、その場で「あと３カ月、頑張ります」と宣言。同時に気持ちを切り替えた。

「やるだけやって、もしダメだったら仕方ない。諦めてもとのＯＬに戻ろう」

いい意味で吹っ切れた金城さんは、以前に一度だけ挨拶を交わしたことがある玉那《たまな》覇力《はつとむ》さんに連絡した。沖縄の泡盛の関係者であればほとんどの人がその名を知る、泡盛界のレジェンド的存在だ。普段であれば、「どうせ相手にしてもらえないだろう」と端から諦めてしまうような大物だったが、もう後がない金城さんは大胆にも電話をかけて、「早急に会いたい」と訴えた。

泡盛界のレジェンド

沖縄出身で、東京農業大学醸造学科を卒業した玉那覇さんは、静岡の造り酒屋で2年間修業した後、親戚が経営する泡盛メーカーに就職した。そこで、若手ながら泡盛の変革に力を注ぐ。着目したのは収得量と味だった。わかりやすいようにシンプルに例えると、伝統的なつくり方では米1合でつくられる泡盛の量は1合だった。しかし、理論上は米1合に対して1・2から1・3合の泡盛ができるはずだった。

玉那覇さんは「0・2、0・3合分の酒はどこにいったんだ?」と疑問を抱いた。

玉那覇さんが働き始めた1970年代の泡盛は、味も癖が強かった。東京で大学生活を送り、静岡で日本酒をつくった経験から「今の時代に合わない。本土で売れない」と考えた。しかし、古参の社員にそれを伝えても、昔ながらのやり方を変えようとしない。

そこで、玉那覇さんは勝手に実験を進めることにした。その結果、収得量を上げながら風味を豊かにする方法を見つけ出す。そのデータを取り、社長やほかの社員に数字を見せて「どちらがいいですか?」と迫るという少々刺激的な方法で、改革を進めていった。一気に収得量が上がったため、国税局から水増しの疑いをかけられたこともあるという。

当時は産学官が一体となって泡盛の品質向上に動き始めた時期で、玉那覇さんもメンバーに加わった。そうして1979年に生まれたのが、「泡盛1号酵母」。収得量が増し、良い香りの泡盛ができる酵母だ。若きホープは、この開発に大きな役割を果たした。

研究意欲は高まるばかりで、その後も、勤めている泡盛メーカーで改善に改善を重ねた。それに呼応するように、売り上げもぐんぐん伸びた。そのうちに、「玉那覇力」の名前は沖縄のすべての泡盛メーカーに知れ渡り、なんと他社から相談が来るようになった。

「試験管レベルの実験でいいものができました、でも、それを工場でつくるにはどうしたらいいのかわからないから教えてくれませんか、という相談は何度もありました。研究機関の方も、工場規模にするなら玉那覇さんに聞きなさいと言っていましたから。依頼はほとんど引き受けて、工場規模でしっかり味を再現できたと思います」

他社の仕事、しかも責任重大なパートを担うのは負担が大きいのでは、と感じるが、玉那覇さんにとって、現場であれこれ考えながらうまい酒をつくるのは楽しいことだった。天職だったのだろう。ところが、そうやって夢中になって仕事をしているうちに、体が悲鳴を上げた。そうして20年働いた泡盛メーカーを退職することになる。

それから半年ほど静養し、体調が回復してきた頃に、玉那覇さんの腕を見込んで新しい相談が持ち込まれた。今度は、「パッションフルーツとアセロラを使ったワインをつくりたい」という話だった。これでまたやる気に火がついて、今度はワインづくりに没頭することになる。前任者のサンプルはあったものの、ほとんどゼロからつくり始めて、2年後には試飲した7、8割の人が「おいしい」というレベルにまで味と質を高めた。

金城さんが初めて玉那覇さんに会ったのは、この頃だ。「ラムづくりの準備をしている」と話し、「お互い頑張りましょう」と激励しあった。しかし、玉那覇さんはその後しばらくして、諸般の事情で退職。友人、知人あてに退職の挨拶を記した葉書を送付した。そのわずか1週間後、電話をかけてきて前のめりに「早急に会いたい」と言ってきたのは、玉那覇さんが仕事を辞めたことを知らなかった金城さん。ふたりの運命が交錯した瞬間だった。

レジェンドの意外な決断

２００３年2月。金城さんと玉那覇さんは、那覇の都ホテルのラウンジで向かい合っていた。最終のプレゼンまで3カ月を切っていた金城さんは、それまでの経緯をすべて明かしたうえで、玉那覇さんに訴えた。

「私は、無添加無着色の沖縄産ラムをつくりたい。でもあなたがいないと、この事業は進められないんです。でも、給料も安いし、南大東島に行ってもらわなければなりません」

駆け引きもなにもない、真正面からのオファー。率直な人柄の玉那覇さんも聞きたいことを聞き、言いたいことを言った。この時、玉那覇さんから「ほかにもう1社、面接の予定がある」と告げられた金城さんは、内心で「負けたな」と思ったという。その会社のほうが、明らかに条件が良さそうだった。それでも自分の想いはしっかり伝えようと、どれだけ玉那覇さんを必要としているか、必死に訴えた。ふたりの話は、2時間に及んだ。

その2日後、金城さんのもとに玉那覇さんから電話があった。予想もしなかった、大逆転。彼女は飛び上がりそうになりながら、その場で「ありがとうございます！

よろしくお願いします！」と頭を下げた。

当時、無添加無着色のラムは日本どころか世界を見渡しても存在しなかった。玉那覇さんにとっては、それが魅力だった。

「ラムは、お酒のなかでも単純なつくりをしています。日本酒や泡盛と比べると、2、3工程少ない。発酵にさえ気をつければ、ちゃんとしたものができます。でも、酒づくりの本にもラムのつくり方は載っていなかったし、酒事典でもラムの項目は1、2ページしかない。自分にとってはまっさらな画用紙みたいなもので、自分がつくりたい酒をつくれる。それが楽しそうだなと思っていました」

土壇場で決まった玉那覇さんの参画は、沖縄産のラム計画を進めるうえで絶大な力を発揮した。高額の出向費用を提示していた泡盛メーカーに断りの挨拶をしにいった時には、「玉那覇さんに来ていただけることになりまして」と告げると、先方は絶句し、「力くんがいるなら、僕たちがかかわる必要はないですね」とあっさり引き下がった。

酒造免許をもらうために何度も足を運んでいた税務署でも、「玉那覇さんが来るなら、ラムの品質は問題ないでしょう」と言われた。

そして、最終プレゼンの日。

「このラムをつくるのは、泡盛メーカーで有名だった玉那覇力さん。あの、泡盛１号酵母の開発に携わった方です。糸満でワインをつくっていましたが、縁あって製造責任者の内諾をいただきました」

金城が誇らしげにそうアピールすると、沖縄電力の役員たちも「あの玉那覇さんが！」と驚きの声を上げたそうだ。

２００４年３月、グレイス・ラム設立。酒づくりについてなにも知らないＯＬと、沖縄のレジェンドが手を組んだ。

無添加無着色の壁

始動したばかりの頃、まずは海外のラムの味を知ろうと試飲会が開かれた。金城さんが買い集めてきたラム、十数本。酒づくりの専門家の玉那覇さんにとってはどれも化学香料の匂いがきつく、すべてがまずかった。

「こんなの飲めたもんじゃない、香水なんじゃないの？　と思いましたよね。無味無臭の酒をつくって、それに添加剤を加えているようにすら感じました」

玉那覇さんは金城さんにこう伝えた。

「こんな酒をつくれというなら、明日から来ないからね。もう、他人がつくったものは無視しましょう」

玉那覇さんには、ハッキリとしたイメージがあった。自分たちは、子どもの頃からサトウキビをかじって育ってきた。いつでも思い浮かべることができる、新鮮でどこか優しい味。甘い汁が口のなかにジュワッと広がるあの瞬間……。その味と香りを、無添加無着色のラムで表現したい――。

那覇にある知り合いの研究所の一角を借り、南大東島のサトウキビを取り寄せて開発を進めた玉那覇さんはしかし、すぐに行き詰まった。こうすればうまくいくだろうという自分の勘が、ことごとく外れたのだ。酵母を変え、温度を変え、機材を変え、あらゆる条件を微細に調整しても、ただ淡白なラムができるばかりで、思うような味がまったく出ない。

それまでの酒づくりの経験と知恵を総動員しても、どこに答えがあるのか見当もつかなかった。毎日のように試行錯誤を繰り返しながら、闇のなかを手探りで進むような日々のなかで、気づけば1年が経っていた。

ほかになにをすればいいのか考えあぐねていたある日、まだひとつだけ、試していないことがあると気づいた。金城さんに手配を頼むと、数日後、研究所に持ってきてくれた。それは、南大東島の水道水だった。それまで那覇の水道水、カルキを完全に抜いた水道水、ミネラルウォーターなど思いつく限りの水を使ってテストしていたが、なんの効果もなかった。だからたいした期待もしていなかったのだが、ものは試しだと思って、南大東島の水道水を使うことにしたのだ。これで、すべてが変わった。

「あれ、どういうこと？　と思いました。ほかになんの条件も変えていないのに、初めて自分が思い描いていたものと近い味が出たんです。いまだになぜなのかわかりません。研究室の先生に飲ませたら、『これはいいんじゃない？』と言うから、南大東島の水道水を使っただけなんですと話したら、先生も首をかしげていました。本当に不思議な話ですけど、ようやく光が差してホッとしました」

暗闇のなかで光が見えれば、その方向に進むだけだ。玉那覇さんは、この後さらに1年を研究に費やして、ついに無添加無着色で、南大東島の新鮮なサトウキビの搾り汁だけを使って発酵・蒸溜する「アグリコールラム」を生み出した。そのラムは、サトウキビのみずみずしい甘みと爽やかな香りを放っていた。同じ頃、南大東島の製糖工場から仕入れた糖蜜を使った無添加無着色のラムも完成した。

空から見た南大東島が冠に見えるところから、金城さんはこのラムに、CORAL CORONA（サンゴの冠）を略して「COR COR（コルコル）」と名付けた。

玉那覇さんが必死に研究していた2年の間、金城さんは必要な機材を購入し、南大東島に輸送して蒸溜所をつくり上げた。その場所は、旧南大東空港だった。

「南大東島でなにかを建てると、本島の4倍の金額になるんです。資材を船で輸送する必要があるので。だから最初はプレハブを考えていたんですけど、台風が来たら飛んでくよと言われて。それで役場にどこか空いている建物はありませんか？　と相談したら、使ってない空港があって、古いけど空港だから丈夫だよと。しかも家賃もいらないというので、空港に決めました」

泡盛メーカーで働いていた時から、試験管レベルのものを工場規模の生産体制にするのは、玉那覇さんにとってお手の物。会社を設立してから2年、前代未聞のラムと空港の蒸溜所ができあがって、ついにスタートラインに立つことができた。

金城さんには、忘れられない光景がある。２００６年12月、初めて蒸溜所の機材を本格的に稼働させた時のこと。蒸溜器からチョロチョロと流れ出てきたラムを紙コップに入れて口にした玉那覇さんが、胸に手を当てて呟いた。

「しあわせ」

その姿を見て、金城さんは思わず泣いた。

フランス人を驚嘆させた味

コルコルは、沖縄初、南大東島発のラム酒としてメディアに大きく取り上げられ、たくさんの注文が入った。

2年目以降も、1年目ほどではないが、注文が来た。玉那覇さんが導き出したコルコルでしか体験できない味、無添加無着色という安全性を求めるお客さんが、リピーターになったのだ。そのなかには、以前に電話でラムの使用量を問い合わせた北海道のチョコレートメーカー、ロイズコンフェクトも含まれる。コルコルができた時、金城が報告するとすぐに注文をくれた。その関係は今も続いているという。

大ヒットしないまでも、一定数の注文を確保しながら営業していたグレイス・ラムに、フランスから突然大きな注文が入ったのは2011年のこと。日本語を話すフランス人から「コルコルをつくっているのはこの会社ですか?」と電話がかかってきたのだ。

この注文がきっかけで、2013年、金城さんはフランスに飛んだ。フランス語圏のカリブ海の島、マルティニークやグアドループはラムの本場で、特にマルティニークは世界的に希少なアグリコールラムの名産地として知られる。フランス人にとってもラムはなじみ深い酒なので、現地調査に行ったのだ。そこで、彼女は耳を疑った。

「あなたのアグリコールは本当に素晴らしい! 無添加無着色でこの香りと深い味を出すなんて、日本人の技術力はどうなっているんだ! 糖蜜を使ったほうもおいしいし、アグリコールとぜんぜん味が違って面白い!」

ラムに通じた国での、予想もしない絶賛。金城さんは「自分だけこんなにいい思いをして申し訳ない。玉那覇さんを連れてくれば良かった……」と後悔したという。

フランス人が認めたラムは、ヨーロッパからアメリカ、アジアに伝播した。

そして、ついに日本でも波が押し寄せ始めている。日本では飲料としてのラムの市場は横ばいが続いており、金城さんが社内ベンチャー制度に応募する際に調べた2001年の211万リットルと現在も大差はない。

それではなにが、コルコルを後押ししているのか。ひとつは食品表示法が改正され、2020年までにすべての加工食品の原材料の産地表示が義務付けられたこと。コルコルを使えば「沖縄県産ラム」「南大東島産ラム」と表示できるだけでなく、無添加無着色の安全性もアピールできる。そのため、現在、ロイズコンフェクトだけでなく、「名菓ひよ子」でお馴染みの株式会社ひよ子の洋菓子ブランド「フラウアツコかやしな」もお菓子づくりにコルコルを採用しているほか、中小の素材にこだわるメーカーからも問い合わせと注文が増えている。

もうひとつは、消費者の健康意識の高まり。もともと、コルコルはお酒を飲まない層からも支持されてきた。自宅でお菓子づくりをする人たちのなかで、例えばラムレーズンをつくる時に無添加無着色の国産ラムを使いたいという人たちが少なくない。そこに一定のニーズがあり、野菜通販の「大地を守る会」や「オイシックス」、「らでぃっしゅぼーや」（現在は3社が経営統合してオイシックス・ラ・大地）などでもコルコルが売られてきた。

変化する消費者の意識

2019年の夏には、コルコルの質と安全性に注目した卸業者を通して、日本生活協同組合連合会、いわゆる生協との取引も始まった。生協の会員数は2962万人（2019年時点）と飛びぬけて多く、会員向けのカタログに掲載されて以来、毎月1000本から2000本ほどの注文が入るようになった。金城さんは「やっぱり、自分や家族の口に入れるものには気をつけたい、こだわりたいという人が増えているんだ」と手ごたえを感じていたという。

その感触は、新型コロナウイルスの感染拡大とそれに伴う「ステイホーム」の流れで、確信に変わった。4月、5月と飲食店からの注文がぱたりとストップし、先行きに不安を感じ始めた6月、生協から2000本の注文が入ったのである。

「本当に驚きました。巣ごもり消費もあると思うんですが、コロナによって、お酒を飲む人も、お菓子づくりにラムを使う人も、これまで以上に食べ物、飲み物に気を遣うようになっているんだと思います。電話で話したあるお客さんからも『こういう時期だから、ちゃんとしたものを取り寄せたくて』と言われて、それを実感しましたね」

グレイス・ラムの売り上げはこれまで、お菓子メーカーへの卸と飲食店への販売がほとんどを占めていた。生協の需要がどれだけ続くのかはわからないが、生協会員という「個人」からこれほどの注文が入るのは、確かになにか大きな変化の兆しなのかもしれない。

グレイス・ラムには、さらなる追い風が吹く。2020年9月1日に開業する「フォーシーズンズホテル東京大手町」。ここの全客室に設置されているミニバーに、コルコルのミニチュアボトルが置かれるのだ。このラグジュアリーホテルに泊まりに来る国内外の旅行者が、南大東島で生まれた無添加無着色のラムの存在を知るようになる。

那覇に家族を置いて南大東島に単身赴任している玉那覇さんは16年間、日照りの日も、雨の日も、台風の日も、ラムをつくり続けた。金城さんは、少しでも売り上げを伸ばすためにそのラムを持って全国を飛びまわった。

「いつか時代の流れをつかめるはずだから頑張ろう」と無我夢中で駆け抜けているう

ちに、時代が追いついてきた。

グレイス・ラム

新開発の瓶入りコーラに予約２万本。たったひとりで始めたコーラ革命

伊良コーラ　小林隆英

　学生で溢れ、喧騒に満ちた高田馬場から西武新宿線の各駅停車に乗ると、たった１駅でまるで違う雰囲気の町に出る。東京都新宿区下落合。小さな駅舎に、歴史を感じさせるレトロな飲食店。改札を出てすぐのところに、せせらぎの里という広々とした公苑もある。穏やかな空気が流れ、生活の匂いがする町だ。

　公苑脇の道を進むと、神田川が見えてくる。橋を渡り、桜の木が並ぶ川沿いをぶらぶら歩いていくと、間もなく小さなお店が目に入る。某日の金曜、13時の開店に合わせて少し早めに訪ねると、会社員風の３人が並んでいた。その後も続々と並ぶ人が増えていく。

　そのお店とは、伊良《いよし》コーラ総本店下落合。「世界初のクラフトコーラメーカー」を謳《うた》う伊良コーラの１号店で、２０２０年２月28日にオープンしたばかり。周囲は静かな住宅街で、ほかに目立つお店もない。平日の昼間に、コーラを求めて行列ができて

いるのだ。

13時に開店してからも、切れ目なくお客さんがやってくる。しかも若い男女、スーツ姿のビジネスパーソン、明らかに近所に住んでいるおばあさんまで客層が多彩。店をのぞくと、伊良コーラのオリジナルTシャツを着たスタッフとともに、創業者のコーラ小林こと小林隆英《こばやしたかひで》さんが忙しそうに立ち働いていた。「2025年までに、コカ、ペプシ、イヨシと言われる三大ブランドのひとつになる」という壮大な野望を持つ男である。

風邪薬を知らなかった少年とコーラの出会い

小林さんは1989年、下落合で生まれた。今お店がある場所では、小林さんの祖父で漢方の調合をする職人だった伊東良太郎さんが、「伊良薬工《いよしやっこう》」という工房を開いていた。小林家では体調を崩すと「漢方を飲む」のが当たり前の習慣で、小林少年も風邪を引くといつも、金色のごま粒ほどの生薬を与えられた。それが数粒で5000円もする高価なものだと知ったのは、もう少し大きくなってから。「なにかを煎じて飲むのが普通だと思っていたので、子どもの頃はいわゆる風邪薬の存在を知らなかっ

たんです」と笑う。
　小林さんにとって、良太郎さんは「イタリアのシチリアとかにいるような、マフィアの親分みたいな雰囲気（笑）」だったという。しかし孫には優しいおじいちゃんで、小林さんは幼稚園の頃から工房で遊んだり、簡単な手伝いをしていた。ところが、思春期に入ると漢方の匂いが服についたり、友人の目を気にして、工房から距離を置くようになった。そのまま高校卒業を迎え、大学は北海道大学の農学部に進学した。
「中学、高校時代は自分らしい生き方がぜんぜんできていなくて。でも大学に関してはなに学部がかっこいいとかありませんよね。それで、自分のやりたいことをやろうと思ったんです。祖父の仕事も漢方という自然由来のものを扱っていましたし、下落合は緑豊かで、子どもの頃から自然とか生き物がすごく好きだったので、農学部を選びました」

大学では、生き物の生態系について学びたいと考えていた。しかし、1年生の時に遊びすぎたせいで成績が足りず、3年生になって研究室を決める時、希望の研究室ではなく、まったく興味がなかった遺伝子の研究室にたまたま配属されてしまった。

「今思い返せば、研究室で学んだことはとても役に立っている」というが、その時は「せっかく北海道まで来たのにやりたいことができなかった」のが悔しくて、大学院では海の魚の生態を調べる研究室に入った。小林さんは小学生の頃から釣りが趣味で、魚が好きだったのだ。その研究室には同じような仲間が集まっていて、充実した日々を送った。

実は、小林さんとコーラの出会いは、「魚」と関係している。大学に入るとお酒を飲むようになったものの、あまりお酒に強くない小林さんは、コーラを注文することが多かった。もともと偏頭痛持ちで、「偏頭痛にはカフェインが効く」と言われてコーラを飲んだら痛みが和らいだこともあり、コーラを飲む頻度が増え、そのうち好きになった。

釣りが好きな小林さんは、夏休みなど長期休暇に入ると、釣り竿を持って海外を旅するようになった。世界を巡り、ハワイのビーチやブラジルのアマゾンでも釣りをしたという。その旅路、手元にはいつもコーラがあった。

「コカ・コーラは、メキシコのが一番おいしいと評判なんです。その理由は、サトウキビから採ったちゃんとした砂糖を使っているからと言われていて。僕もメキシコに行った時、高地で頭が痛くなったり、乾燥しているからよくコーラを飲んでいたんですけど、確かにほかの国と味が違うと感じましたね」

旅先では、日本で見たこともないコーラが売られていた。カフェイン量世界一を謳うドイツのアフリ・コーラ、ハンブルク発祥のフリッツ・コーラ、世界一おいしいと言われるイギリスのキュリオスティーコーラ。南米のペルーには、コカ・コーラよりも売れていると言われるインカ・コーラもある。

世界中でコーラを飲み歩きながら、個性豊かな味を楽しんだ。その経験が今につながっているのだが、当時から「自分でコーラをつくろう」と考えていたわけではない。

偶然目にしたコーラのレシピ

小林さんは、大学を休学してフィリピンで活動している複数のNGO職員でインターンシップに参加していた時期がある。その時は、自然にかかわるNGOや国際公務員になろうと考えていた。しかし、現地NGOの現状を目の当たりにして、方向転換する。

「一般企業なら適切なサービスを提供しないと潰れますが、寄付や行政からの拠出金を収入源にしているNGOにはそういう作用があまり働きません。海外のNGOのなかには、惰性で作業をしていると見えてしまうようなところもありました。それなら資本主義に乗っかっているシステムのほうが健全な気がして、ビジネスに興味を持ちました」

この体験から、大学院卒業後の2015年、大手広告代理店のアサツーディ・ケイ(現ADKホールディングス)に就職した。資本主義どまんなかの業種で、「アイデアを考えて人をびっくりさせることが昔から好き」という理由で選んだ。

広告代理店では、さまざまな仕事に携わった。カザフスタンで万国博覧会が開催された2017年には、日本館のイベントや催し物の担当になり、現地で数カ月を過ごした。帰国後は、フランス発祥のエクストリーム・スポーツの国際フェスティバル「FISE」を広島に招致する仕事に就き、2018年4月に開催された「FISE広島2018」の運営にも携わった。その後は、外資系メーカーの営業担当になり、シャンプーなどの販促にもかかわった。

目まぐるしい日々のなかで、小林さんの息抜きになっていたのが、コーラづくりだった。きっかけは、偶然だった。社会人1年目のある日、ネットサーフィンをしていたら、怪しげな英語のサイトに気になる記事があった。そこには、1886年5月8日、アメリカのジョージア州アトランタで誕生したコカ・コーラのシロップのレシピが掲載されていた。

ちなみに、コカ・コーラの歴史を少しひもとくと、開発したのは地元の薬剤師ジョン・S・ペンバートン博士。近所の薬局に持ち込んで町の人々に試飲してもらうと好評だったため、1杯5セントで販売を始めたところ、大ヒットしたそう。

コカ・コーラのレシピは現在も門外不出の秘伝とされ、本社の特別な施設で保管されており、レシピの内容を知っている人は世界で数人しかいないと言われている。それが流出したのか真偽は定かではないが、今から134年前に博士が開発したとされるレシピは意外なことに、それほど複雑に見えなかった。コーラ好きの小林さんは「え、これなら自分でもつくれるんじゃん！」と興奮し、当時住んでいた祐天寺の家の近所のスーパーに駆け込み、材料を買い揃えた。

「レシピに載っていたのはナツメグ、コリアンダー、バニラ、シナモン、ネロリ、オレンジピール、ライムピール、レモンピール、コーラの実とコカの葉っぱでした。これらのエッセンシャルオイルを混ぜ合わせるレシピだったんですが、とりあえず載っていたスパイスのなかですぐに買えるものを揃えて、一緒に煮込んでみました」

グツグツと煮込んでできあがった液体を口に含んでみると、確かにコーラのような味がした。しかし、それは決して感動するようなものではなかった。それが逆に、好奇心を刺激した。

祖父の思い出話から得たヒント

「もっとおいしいコーラをつくりたい！」と考えた小林さんは、その日から時間を見つけては自宅でコーラをつくるようになる。毎日のようにキッチンに立つこともあれば、週に1、2回になることもあったが、とにかくコーラをつくり続けた。それは趣味的な楽しみであり、リフレッシュだった。

しかし、ネットに載っていたエッセンシャルオイルでつくるコーラと、スパイスからつくるコーラでは工程が異なる。スパイスからつくるには火を入れる過程が入るため、自分で工夫を重ねるしかない。

気がつけば1年が経ち、2年が経っても感激するような味にはならず、さすがに行き詰まってきた。「もうやめようかな」と諦めかけた時、実家に戻る機会があった。2017年に祖父の良太郎さんが亡くなり、「伊良葯工」の工房を整理することになったのだ。

片づけをしていると、良太郎さんが使っていた古い道具や書き溜めたレシピなどがたくさん出てきた。自然と、家族の間で良太郎さんの思い出話に花が咲き、「火を入れてる時にこんな大変なことがあったよね」「こんな風に手間をかけていたよね」という話になった。「ふーん、そんなやり方してたんだ」と耳を傾けていた小林さんは、ビビッと閃いた。

「このやり方をコーラづくりに活かせるかもしれない！」

当時、コーラをつくっていることを家族に話していなかった小林さんの胸のうちは、静かに熱くなっていた。

自宅に戻ると、すぐにキッチンに向かった。実家で聞いた良太郎さんの話をヒントに、それまでのやり方を変えた。

「企業秘密になっちゃうので詳しくは言えないんですけど、いろいろな材料をいっぺんに煮込むと、ベタッとした感じになるんです。スパイスに火を入れる工程と煮込む順番をどう工夫するかっていうところですね」

できあがったのは、過去2年間つくっていたものとはまったく別物のシロップ。炭酸水を入れて飲むと、風味豊かでコクのあるコーラに仕上がった。これは……と思い、翌日、会社に持参して、仲のいい同僚に声をかけた。これまで試作品を何度か飲んでもらっていた同僚は、新しいコーラを一口飲んだ瞬間、驚きの声を上げた。

「めちゃくちゃおいしい！　これ、普通にお金払っても飲みたい！」

あ、売り物になるんだ——。コカ・コーラの生みの親、ジョン・S・ペンバートン博士は薬局で試飲してもらったのがきっかけでコーラづくりに乗り出したが、小林さんが大きな手ごたえを得たのは、オフィスだった。

ここからの動きが、電撃的に速かった。同僚に試飲してもらったのが2018年6

月で、そのほぼ1カ月後の7月28日、小林さんはカワセミが描かれた青緑色のキッチンカーを出動させて、東京・渋谷の国連大学前で毎週末開催されている青山ファーマーズマーケットに初めて出店したのだ。キッチンカーは、大学時代に仲よくしていた人が車のカスタマイズを仕事にしていて、依頼をするとすぐにつくってくれたという。

「車代とかシンクの購入費とか、ぜんぶ含めて３００万円ぐらいかかりました。その時の貯金を全額ぶっこみましたよ（笑）。コーラの味に手ごたえもあったし、ワクワクしてたんでお金のことは気にならなかったです」

当時は伊良コーラのSNSもなく、自分のSNSでもあえて告知することなく迎えた7月28日。用意した１５０個の伊良コーラは、数時間で完売。小林さんは、嬉しさと同時に「話で聞いていたことが現実になった」というこれまでにない感慨を覚えた。

「お金は等価交換だとか、人を喜ばせたことがお金になるということは、よく本に書かれていたり、話で聞くじゃないですか。でも、実感したことがなかったんです。この日は、自分が完全にゼロから生み出した伊良コーラという商品が、お客さんに喜ばれて、その対価として５００円をもらうという体験をして、すごく新鮮でしたね。会社員としてもらってきた給料とは、まったく別物でした」

広告代理店の社員として大きなプロジェクトに携わるのは、やりがいがあった。ただ、小林さんが苦手とする具体的な準備や段取りをコツコツと無難に進める能力が要求され、「自分に向いてないな」とも感じていた。「自分のポテンシャルを最大限発揮できてるか?」と自問すると、イエスと断言できないモヤモヤを抱いていた。そのタイミングで、300万円の貯金をつぎ込み、自分のアイデアを形にして得たコーラ1杯分の500円は、特別なものだった。

世界初のクラフトコーラ・ベンチャー

それから、平日は会社員、仕事がない週末は「伊良コーラのコーラ小林」としてマーケットに出店という日々が始まった。広告代理店の仕事は残業も多くハードだったが、休日に体を休めようとは思わなかった。

「休日ってドライブ行ったり、ボウリング行ったりして遊ぶと思うんですけど、それが僕の場合は伊良コーラの出店でした。遊びとしてやっていたので、ただ楽しくて」

僕が小林さんを初めて見かけたのは2018年10月21日、家族で青山ファーマーズマーケットに行った時だった。「クラフトコーラ」という聞き慣れない言葉と、おしゃれな看板に興味を惹かれた。「いよし」と読めず、「いりょうコーラ？」と首をかしげながらキッチンカーのところに行くと、小林さんがひとりで接客、販売していた。オープンでフレンドリーな人が多いマーケットで、キリッとしたクールな雰囲気が印象に残っている。

僕は、妻の分と合わせてふたつ注文した。小林さんがビニールパウチにシロップを入れ、炭酸水を注ぐ。パウチにストローをさして飲む東南アジアでよく見るスタイルにワクワクしながら、どんな味だろうと一口飲んだら、ハッとした。

コカ・コーラやペプシコーラとは異なる、スパイシーで爽やかな風味。コーラと言って思い浮かぶ独特の甘み（決して嫌いじゃない。特に映画館のポップコーンとは名コンビだ）は一切なく、口の中にシュワッと広がる清涼感。普段、コーラを飲まない妻も「これはおいしい！」と言いながら、あっという間に飲み干した。

この時、僕はスマホで撮った伊良コーラの写真をフェイスブックにアップし、「国連大学前のマーケットで、はじめてクラフトコーラを飲んだ。伊良コーラ、非常においしかった」と投稿している。きっと、同じような人が大勢いたのだろう。マーケットでの人気はうなぎのぼりで、天気がいい日には250杯売れる時もあった。

週末の忙しさは、心地良かった。いつしか、会社員の小林隆英より、コーラ小林としての自分のほうがしっくりくるようになった。

初出店からわずか5カ月後の2018年12月、小林さんは辞表を提出。最終出社日には「コーラ屋になります」と挨拶をして回った。

「会社員と違って、伊良コーラの活動は自分にしかできないものだなと思って。例えばクラフトチョコレートとかクラフトビールってヨーロッパやアメリカで生まれたものなんですけど、当時、小規模な工房で手づくりされたこだわりのコーラという文脈でクラフトコーラという言葉はいくら調べても出てこなかった。伊良コーラは日本発で、世界初なんですよ。自分の時間やお金、能力というリソースをこの伊良コーラに投資したほうが世界にとっていい影響を与えられるなと思ったので、辞めました」

2019年1月29日、会社を設立。世界初のクラフトコーラ・ベンチャーが、下落合に誕生した。「2025年までに、コカ、ペプシ、イヨシと言われる三大ブランドのひとつになる」という目標を掲げて。

神様からの贈り物

２０１９年は、「手探りでもがきながら」の1年になった。起業したとはいえ、自分ひとり。コーラのシロップを製造し、資材を揃え、週末にマルシェやマーケットに出店するというルーティンだけで、手一杯になった。使用するスパイスは小林さん本人がすり潰し、焙煎《ばいせん》して調合するため、時間がかかるのだ。

しかし、それではコーラ市場を支配する巨人、コカ・コーラとペプシコーラに食い込むのは夢物語。そこで、パートタイムでオフィスワークや事務的な作業を手伝ってくれる人を少しずつ増やしていき、コーラを進化させるレシピ開発に注力した。

１８８６年のレシピをベースに、複数のスパイスを使うチャイの配合やジンジャーエールのレシピなどを参考にして、足したり引いたりを繰り返した。

なかでもこだわったのは、アフリカに生える「コラの木」から採れる果実、コーラナッツ。カカオやコーヒーよりもカフェインを多く含み、コーラという名称の語源と言われる。この果実を仕入れるために、２０１９年夏、ガーナに飛んだ。

小林さんによると、「味の骨格をなすものではなく、今現在はコカ・コーラやペプシコーラでも十中八九、使っていない」そうだが、それでもガーナに行ったのは、なぜ？

「コーラの実は現地で『神様からの贈り物』と言われていて、すごく神聖なものなんです。結婚式の時に渡したり、祝いごとに使ったりされていて、本当にピースフルでポジティブな精神に溢れたものなんですよね。ガーナで実際に農園を見てまわって、その文化的な意味を体験できたのは大きな収穫でした。神様からの贈り物を使うコーラという飲み物もすごくピースフルでナイスな飲み物なんじゃないかって思うようになったんです」

小林さんは「神様からの贈り物」という価値に惹かれ、現地から輸入することに決めた。「伊良コーラのコアターゲットは自分」と言い切る小林さん自身が、「神様からの贈り物」が入ったコーラを飲みたいと感じたのだ。

下落合に店を開いた理由

コーラの実に加え、もともとのレシピになかったクローブやカルダモン、ラベンダーなど15種類以上のスパイスと柑橘類を配合することで、伊良コーラの味は深まっていった。さらに、柚子、クロモジ、ぶどう山椒、ニホンミツバチの蜂蜜など、日本各地から集めたボタニカルを使用した「THE JAPAN EDITION」も開発した。その味が評判となり、都内のカフェやバー、百貨店でも取り扱われるようになった。

しかし、小林さんは焦りを募らせていた。伊良コーラが注目されるようになり、メディアへの露出が増え始めてから、「どういう工場に委託してるの？」と聞かれる機会が増えたからだ。伊良コーラは手づくりだからクラフトと名乗っているし、それを一番大切なこととして伝えてきたつもりなのに、まったく理解されていなかったことに危機感を抱いた。

さらに、後発のさまざまなクラフトコーラメーカーが委託製造しているという話を聞いて、伊良コーラが大事にしていることをお客さんに丁寧に伝える必要性を感じた。

そこで、店舗づくりに動き始めた。

「ガラス張りで、実際にコーラをつくっているところが見えるお店を開こう」

当初は、自身が住んでいた祐天寺に店を開こうかと考えた。祐天寺は中目黒に隣接し、ブルーボトルコーヒーがオープンするなど、最近、賑わっているエリアだ。

そこでふと立ち止まって、地元の下落合に目を向けた。高校を卒業してからはたまに帰省する程度で、特別な思い入れはなかったが、自分のルーツは下落合にある。祖父の良太郎さんが１９５４年に「伊良葯工」を開き、そこで遊び、漢方に触れてきた。

その生い立ちが、今につながっている。緑が多く、神田川沿いの桜並木は、花見に300万人が訪れるという目黒川の桜に勝るとも劣らないほど美しい。その割に、まったく注目されていない。

コカ・コーラとペプシコーラが使わなくなった（と考えられる）コーラの実に目をつけたように、埋もれた価値に光を当てるのが、伊良コーラらしさ。離れたことで気づいた下落合の良さをもっと知ってもらいたい。地元に恩返ししようという想いから、下落合で店を開くことを決めた。

店舗は、祖父の良太郎さんが亡くなって以来、誰も使っていなかった工房をリノベーション。下落合の地場産業として発展した染物屋が今もいくつか残っているので、地元の染物屋とコラボして伊良コーラの暖簾をつくった。店舗名にもあえて下落合と入れて、「伊良コーラ総本店下落合」。店の前の遊歩道には勝手に「コーラ小道」と名付けた。

お客さんに下落合の桜を楽しんでもらおうと、店舗は2020年2月28日にオープンした。ところが、桜が満開の時期が新型コロナウイルスの感染拡大とそれに伴う緊急事態宣言に重なってしまうというまさかの展開に。やむをえず我慢の時を過ごし、

右／ジャパンエディション 左／ミルクコーラ

改めて6月に入って通常営業を始めると、すぐに行列ができるようになった。

　撮影に訪れた日、ひとりで店に来ていた女性に話を聞くと、2019年10月に国連大学前で開かれた東京コーヒーフェスティバルで、たまたま伊良コーラを飲んでその味が忘れられず、下落合まで来たそうだ。「新しいけど懐かしい味がするんです」と言って、ストローをくわえながら、遊歩道を去って行った。

　数カ月前に下落合に引っ越してきたという若いカップルは、伊良コーラを初めて飲んで「うわっ！　これは何回でも飲めるやつだ」「通っちゃうね！」と嬉しそうにしていた。

小林さんのコーラへの情熱は尽きることなく、店舗では「ミルクコーラ」も味わえる。これは、自宅用のシロップを買ったお客さんから「ホットミルクに入れて飲んでいる」という話を聞いて新たに開発したテイストで、コーラシロップと牛乳、炭酸水が入っている。コーラに牛乳？　と疑問に思う人が大半だろうが、小林さんの自信作である。

新開発の瓶入りコーラに予約殺到

会社の同僚に自作のコーラを飲んでもらったのが、2018年6月。それからわずか2年で独立、百貨店などに進出、店舗オープンと駆け抜けてきた。スタッフも10人まで増え、正社員を募集するまでに成長した。

しかし、小林さんの勝負はこれからだ。コーラを売って稼いだお金を投じ、満を持して瓶入りの伊良コーラを開発したのである。それまではシロップに炭酸水を注ぐための人手が必要だったが、瓶入りになれば日本全国どこへでも卸すことができる。7月末の販売開始前から2万本の予約が入ったというから驚きだ。

この期待に応えることができれば、日本のカフェやバーでコーラを注文した時に、

「コカ、ペプシ、イヨシ？」と聞かれる日も遠くないだろう。近い将来、海外で瓶入りコーラを生産することで、世界進出も見据える。あと5年で、２強にどこまで食い込めるのか。

たったひとりで始めたコーラ革命。大海原にコーラの実をひとつ落として生まれたようなさざ波は、少しずつ大きくなり始めている。

「僕がやってきた調合とか調和って、東洋の文化に通じるものがあると思うんです。日本の和食も『和』の文化で、世界的に評価されてますよね。さまざまなスパイスを調合したヘルシーでおいしいクラフトコーラも、日本のポテンシャルを活かして世界に挑戦できるプロダクトだと思っています」

伊良コーラ

ヒマラヤの麓でつくるピーナッツバターの滋味

SANCHAI　仲琴舞貴

小瓶の蓋に描かれた、ヒマラヤの山々とひとりの女性。そこに、「SANCHAI」と書かれている。側面には、原材料名として「ピーナッツ、ヒマラヤ岩塩、香辛料」。この小瓶に詰められているのは、ピーナッツバターだ。

蓋を開けると、濃厚なピーナッツの香りが鼻のなかをスッと通り過ぎていく。スプーンでひとさじすくい、口に含む。その瞬間、ピーナッツの深みのある甘さと塩気のなかにブラウンカルダモンのスモーキーなスパイスが効いて、驚くほど豊かな風味が広がった。

このピーナッツバターの産地は、ネパール。標高1500から1700メートルほどあるエベレストの麓、コタン郡の小さな村・チャブダラでつくられている。まだ近代化が進んでいないこのエリア（電気が通ったのは2017年12月！）では、古くから無農薬でピーナッツが栽培されてきた。そのピーナッツも現地で代々受け継がれてきたもので、品種改良されておらず、現地では「ローカルピーナッツ」と呼ばれてい

チャブダラの風景。（提供／SANCHAI）

る。

標高が高く、乾燥したコタンの地では、ひとつの苗に少量のピーナッツしか実らない。その分、一粒、一粒に大地の栄養が凝縮されているのか、タンパク質の量が通常のピーナッツの約１・３倍も含まれているという。

まるで忘れ去られたかのように、もしくは波に乗り遅れたかのように、手付かずのままひっそりと残されていたヒマラヤの恵み。赤茶けた辺境の地でこのピーナッツを育てる人たちはみな素朴で、明るい笑顔を持っているが、このピーナッツを活かす術もなく、貧しい生活を送っていた。ある時、現地でその状況を目の当たりにした仲琴舞《なかことぶ》貴《き》さんは、こう思った。

「自分にできることが、あるかもしれない」

その後、仲さんが日本とネパールで東奔西走しながらつくり上げたのが、このピーナッツバター。「SANCHAI」とは、ピーナッツバターの名前であり、仲さんが立ち上げた会社の名前でもある。その意味は、ネパールの言葉で「元気？」。

破天荒な父とその娘

仲さんは、1978年に福岡の久留米市で生まれた。姉がひとり、弟がふたりの4人きょうだい。母親は専業主婦で、美容師の父、正博さんは6店舗を経営するやり手だった。

正博さんは強烈な個性派で、普段着が赤やピンク、白のダブルのスーツ。仲さんいわく、「本当に『仁義なき戦い』という感じで、子どもの頃はとにかく怖かったです」。

子どもたちへのしつけも独特で、4人のうち誰かひとりでも悪いことをすると、全員を集めて1、2時間、長い時には3、4時間も話をした。それは叱責や説教とも違い、自分がどれほど苦労してきたのか、その苦労を乗り越えて、どれだけ革新的なことに挑んできたかという独演会だった。例えば、当時の美容院といえば女性が小さなサロンを営んでいるのが一般的だったなかで、「美容とは総合的なものだ」と150坪の美容院を開いて、地元で話題を呼んだ。そういう話を子どもたちに聞かせながら、最後には「過去にないことに挑戦しろ」と結ぶのが常だった。

「父の話は面白いのでこの時間も嫌いじゃなかった」という仲さんが、まさに誰も手をつけてこなかったネパールの山岳地帯にあるピーナッツでビジネスを始めるのだから、父親の言葉には強い磁力があったのだろう。

ただし、正博さんは「過去にないことに挑戦しろ」と叱咤しながらも、毛利元就の「三本の矢」の話をして、「お前たちは全員美容師になって、4人で協力し合え」と言い続けていた。そのため、子ども時代の仲さんは、「それ以外の道はない」と思っていたそうだ。

中高生になるとファッションにも興味が湧いたが、父親の期待を裏切ることはできない。福岡の女子高に通いながら、高校3年生の時に通信制の美容学校で学び始めた。

高校卒業後は、通信制で勉強を続けながら、正博さんの店に就職。父からは美容師としての技術ではなく、経営者としてのマネジメントを身につけるよう求められた。

しかし、18歳の女の子が、現場を知らずにマネジメントをするのは簡単ではない。そこで、通信制を卒業して美容師免許を取得した1998年、東京の代官山にある美容院で働き始めた。

ところが1年後のある日、正博さんから持病の糖尿病が悪化したと連絡があった。「俺はもうダメかもしれん……」と電話口で落ち込む声を聴いて焦った仲さんは、事情を話して働いていた美容院をすぐに辞め、泣きながら久留米に戻った。そこには、けろっとした様子でいつもと変わらぬ父がいた。

「私も若かったから、糖尿病がどんな病気かよくわかってなかったんですよね。病状が悪くなったのは確かですけど、今すぐ死ぬような話ではなくて。今思えば、私を早く戻したくて、騙したんだと思う（笑）」

当時は、「あれ、なんかピンピンしてる……」と疑問に思いながらも、また東京に戻るわけにもいかず、再び正博さんの店でマネージャーとして働き始めた。

その頃、正博さんが経営する店舗には60人ほどの美容師がいた。マネージャーの役割とはなにかを自分なりに勉強するなかで、美容業のマネージャーの仕事は「人が育つ環境をつくることだ」と考えた仲さんは、美容師たちの気持ちを汲むように心がけた。必然的に、職人気質でスタッフへの要求も厳しかった父親と衝突することも増えた。すでに恐怖心は消えていたので、マネジメントの手法に関しては「バチバチにやりあってました」。

そのすれ違いが3年、4年と続くうちに「私はお父さんのために働いてるのに、お父さんにとっての正解と私にとっての正解が一緒じゃない」「自分が充実していないのに、人を幸せにはできない」と考えるようになった。

しかし、今の仕事を投げ出すように辞めることは許されない。そこで、一足早く「新しい事業を起こす」と上京した、ひとつ年下の弟の手伝いをしたいと父に相談。東京で一旗揚げようとしていた弟を応援していた正博さんは、「それなら仕方ない」と送り出してくれた。2005年のことだった。

ベンチャー投資家のもとへ

東京で弟の手伝いを始めてから1年半ほど経った頃、また正博さんから「糖尿病が悪化した」と電話があった。今度は本当に深刻で、二日に一度、病院で人工透析をするという。母親は車の免許を持っておらず、もうひとりの弟は、正博さんの会社のマネージャーをしていて多忙だった。そこで、「半年だけ」の約束で、また久留米に戻った。

この時は美容院では働かず、家事の手伝いや父親のサポートをしていた。あっという間に毎日が過ぎ、通院も含めた日常に母親と正博さんが慣れてきたタイミングで、今度は地元の友人から「半年間、イギリスに行かない？」という突然の連絡があった。

その友人のところに、イギリス人男性と日本人女性の夫婦の家に滞在しながら、留学しないかという話があった。しかし、その友人は仕事があって行けない。そこで、「仕事をしていなくて、すぐにイギリスに行けそうな人」として仲さんに話を持ってきたのだ。

「確かに行けるし、なんだか楽しそう」と感じた仲さんは、ふたつ返事で快諾。２カ月後には、イギリスへ飛び立った。彼女はとにかくフットワークが軽い。

イギリスでの半年間を終えて帰国した２００９年、日本はリーマン・ショックで不況に陥っていた。もう一度、東京で働こうと考えていた仲さんは、求人が激減しているなかで仕事を探し、契約社員ながら大手コンビニの子会社で働き口を得た。

その会社は、本体からのリサーチやマーケティングを請け負っていた。企業で働くのは新鮮で、仕事は学ぶことも多く、やりがいも感じていた。ただ一点を除いては。

「大きい企業の系列なので、その時からなるべく残業しないように言われていたんですけど、それで困ってしまって。私、高校を卒業してからずっと忙しくて、人生の１００％に近いぐらい仕事ばっかりしてたから、早く帰りなさいって言われると、なにをしたらいいかわからなかったんです（笑）」

　あり余るエネルギーと時間を持て余した仲さんは、週末、著名な写真家のホンマタカシさんのワークショップに参加したり、デザインの専門学校に通うようになった。

　たまたまどちらも「自分の頭で考えること」を求められる内容で、そのうちに「企画」の仕事に興味を持つようになり、転職活動を始めた。しかし、37歳で未経験の人材を採用する企業はなかなかない。周りの友人知人にも「企画の仕事をしたい」と話していたら、ひとりから「人を探している人がいるけど会う？」と聞かれた。

　そうして出会ったのが、中野功詞《なかのこうじ》さん。トイレメーカー・ＴＯＴＯで国際事業部長、ＴＯＴＯ Europe 社長を歴任した中野さんは、２０１５年１月に独立し、投資家として活動を始めたところだった。

「初めてお会いした時、中野さんがなにをしているのかよくわからなかったんです。

でも、ものすごく面白そうな気がしたので、一緒に働きたいなと思って」

2015年11月、仲さんは中野さんの会社「START360. Inc」（のちに、OQTA《オクタ》株式会社に社名変更）に加わった。

空前絶後のワイルドロード

仲さんの役割は、ゼネラルマネージャー。中野さんは自分が面白いと感じたいくつかのベンチャーに投資していて、仲さんは投資先の会議に出たり、人数が少ないベンチャーの業務のサポートをするのが仕事だった。そのうちの一社が、あるピーナッツバターメーカー。同社のメンバーと話をしているうちに、意外な事情を知った。

千葉の落花生は全国シェアが80%近く、落花生といえば千葉というブランド力がある。しかし、高齢化などで生産者が少なくなり、出荷量も減っている。それでも千葉の落花生はニーズがあるため、価格が高騰。そのため、千葉の落花生を使うと、ピーナッツバターの価格も高くならざるを得ないのだ。

そういう事情から、仲さんとメンバーが「ほかにもっといいピーナッツがあったらいいのにね」と話していたところ、予想外の方角から情報が寄せられた。中野さんの投資先で、自身も参画したIOTベンチャー・OQTAのメンバーがたまたまネパール人の青年と親しく、その青年の故郷でピーナッツが生産されているという話を聞いていたのだ。

「もしかしたら、ピーナッツバターのビジネスにつながるかも」と思った仲さんは、軽い気持ちでその青年と会った。話を聞くと、その青年の故郷はピーナッツの産地で、しかも無農薬栽培をしているという。しかし、そのピーナッツを製品化したり、ブランディングするようなスキルがないことが課題ということだった。

その青年は日本で働きながら故郷に学校を建てようと、子どもたちの里親という形で寄付を集めていたので、仲さんはその場で寄付を決めた。仲さんから話を聞いた中野さんも、寄付をした。その場所が、エベレストの麓にあるコタン郡の小さな村、チャブダラだった。

これがきっかけでコタンの子どもたちに興味を持った投資家・中野さんは、ＯＱＴＡが開発したＩＯＴ鳩時計を現地で使えないだろうか？　と仲さんに持ちかけた。このの鳩時計はスマホによる遠隔操作で鳩が鳴くというシステムで、離れて暮らす家族などの家に置いて、鳩の鳴き声を送ることで「私は元気」「あなたのことを気にかけている」と伝えることを目指した製品だ。そこで仲さんは、里親になったネパールの子どもの家にこれを設置して、寄付した人がスマホで鳩を鳴らすことで、言語を介さずとも子どもたちを想う気持ちを届けることができるのでは？　と考えた。

ピーナッツバターメーカーのメンバーとは、ネパールにいいピーナッツがあるなら、現地でピーナッツバターを生産して販売するのも面白いという話になっていた。ＩＯＴ鳩時計のプロジェクトもぜひ実現したい！　と思った仲さんは、２０１６年10月、ネパールへ飛んだ。

ネパールでは、まだインフラの整備が行き届いておらず、都市部以外は舗装されていない道路も多い。通訳を頼んだ日本語堪能なネパール人女性のサビタさんと合流した仲さんは、チャーターしたジープで一路、コタンに向かった。その道中、がけ崩れが起きて、道が塞がっていた。そこでジープの運転手が山に分け入り、道なき道を走行してがけ崩れを迂回。しばらくすると、今度は大きな川が現れた。当時は吊り橋しかなく、車では渡れなかったため、自分で荷物を背負って橋を渡り、反対側で待つジープに乗り換えた。がけ崩れと川を渡るので大幅に時間をロスし、本来なら昼過ぎにはコタンに到着しているはずが、15時間かけて集落に着いた時にはすっかり夜になっていた。

　その頃のコタンはまだ電気も水道も通っておらず、日が暮れるということは、真の闇が訪れることを意味する。仲さんがその日泊めてもらうことになっていた家は、中心部から徒歩で2時間ほど下山したところにあった。さすがに日本人の女性が夜の山道を歩くのは無理だろうということで、迎えに来ていたのはバイクのお兄さん。

　バイクの後ろに乗った仲さんは、荷物と一緒にぐるぐる巻きにされた。途中で転げ落ちないようにという紳士的な配慮で、出発をしてすぐに、その意味がわかった。真っ暗でなにも見えないし、身動きもとれないが、お兄さんのハンドル操作とバイクに伝わってきている激しい振動で、「とんでもないオフロードを走っている」ということがわかったのだ。

　バイクの後ろでグインッ、グインッと予想外の方向に体を揺られ、そのたびにガクンッ、ガクンッと脳みそに衝撃を感じながら、仲さんは「私、下手すると死ぬかもしれない……」と思った。すると、どういうわけか、腹の底から笑いが込み上げてきた。ゲラゲラと笑いながら空を見上げると、無数の星が瞬いていた。この日は、38歳の誕生日だった。

消費社会から取り残されたコタンの可能性

ネパールの山中で事故死を免れた仲さんは、翌日から元気に動き始めた。ＩＯＴ鳩時計の生命線である集落の通信状況などを調べながら、同時進行でピーナッツの調査を進めた。

ピーナッツの場合、コタン全体でどれぐらいの収穫量があって、どれぐらい提供してもらえるのかわからないとビジネスにならないのだが、そのデータがなかった。そこで、泊まった家の人に尋ねると、すぐ近くにピーナッツ農家があるという。

早速向かうと、ちょうどピーナッツの収穫時期で、農家の夫婦が牛を引きながらピーナッツを引き抜いていた。ふたりに話しかけて、日本から持参したピーナッツバターを食べてもらうと、「ミトチャ（おいしい）！」と顔をほころばせた。

ふたりから両手いっぱいのピーナッツをもらったので、家に戻り、試しにピーナッツバターをつくってみることにした。集落には電気が通っていないので、ミキサーが使えない。「どうやってつくろうか？」と家の人に相談したら、「これはどう？」と台所にあったすり鉢を渡された。普段はスパイスをすり潰すために使われているもので、大きな平らの石の上にスパイスを置いて、小さな石で叩くというシンプルな道具だ。

そのすり鉢でひたすらピーナッツを潰していると、やがてペースト状になり、ピーナッツバターらしきものができた。しかし、量産するとなると、この方法では難しい……。なにはともあれ、まずはコタンにおけるピーナッツの生産状況を知ることが先決だ。仲さんは再びバイクのお兄さんの後ろにまたがって、通訳のサビタさんと一緒に生産者を訪ねることにした。

コタンの村々は想像した以上の山奥にあり、すべての道がガタガタの土の道で、集落も広大だったから、3軒まわるのに3時間かかることもざら。それでも現地に3泊4日の日程で10軒の生産者をまわった。日本のピーナッツバターを食べてもらいながら、「ここでピーナッツバターをつくってみたい」と話すと、初めて見るピーナッツバターに全員が「ミトチャ！」と喜び、賛同してくれた。どこを訪ねても収穫したてのピーナッツを山ほど食べさせてくれたうえに、お土産にもどっさり渡された。

事前の情報通り、生産者の生活は貧しく、農薬を買うお金もないために、昔ながらの無農薬栽培が続けられていた。資本主義の消費生活から置き去りにされたことで、今の時代では高い価値を持つ無農薬栽培のピーナッツが細々と生き残っていたのだ。

しかも、彼らの畑は普通の車では走行できないほど道が険しいエリアにあり、自分たちで流通させるのが難しいため、ミドルマンと呼ばれる買取業者から二束三文で安く買い取られるか、自分たちで食べるしかなかった。その結果、外国人はもちろん、ネパールの都市部の人たちにも、ほとんど存在を知られていなかった。

仲さんは朴訥なコタンの人たちと接しながら、「この人たちの役に立てるんじゃないか?」と感じた。現代の価値基準からすれば希少なピーナッツを使ったピーナッツバターは、そのための手段としてはうってつけだ。

農家との話し合いで少なくとも年間100キロほど入手できそうだと目途をつけた仲さんは、食品の製造とマーケットの様子を探るために、隣国インドとの流通の中継地点で、たくさんの工場がある東部の主要都市ビラートナガル、ネパール西部の一大観光地ポカラを視察。10日間のネパール滞在から帰国した仲さんは、投資家の中野さんとピーナッツバターメーカーのメンバーに、現地で見聞きしてきたことを報告した。「私たちのスキルやリソースを彼らに利用してもらうほうが有意義だから、彼らを自立的な成長に導くようなプロジェクトにしたい」と考えていた仲さんは、率直に「現地の状況を見た感じ、すぐに利益を出すのは難しいと思う」と伝えた。すると、ピーナッツバターメーカーのメンバーから「うちは今、そんな余力はないから、それなら仲さんがやってくださいよ」と言われてしまった。「え!?　自分はピーナッツバターの専門家ではないし、自分ひとりでは提供できるリソースも限られている。でも、現地で出会ったコタンの人たちを放っておくことはできない。ああ、どうしよう……」と中野さんに相談したら、力強く背中を押してくれた。

「やりたいんだったら、やりなさい。僕がお金を出すから」

社名は「現実のものになった夢」

中野さんの一言で、ロケット燃料が注がれたようにエンジン全開になった仲さんは、ここから猛スピードで駆けまわる。

「どれぐらい利益をあげられるかまったく見えないなかでスタートしたので、経費を最小限に抑えることが重要だと思ったんです。そのためには、人件費をかけずにスピーディーにやる必要がありますよね。だから、自分にできることは最速でやろうと思いました」

まず、友人で、長年スープストックトーキョーでメニュー開発に携わってきた料理家の桑折敦子《こおりあつこ》さんに商品開発を依頼した。コタンには大粒と小粒のピーナッツがあり、現地の人たちは「小粒がおいしい」と言っていた。しかし、どちらがピーナッツバターに適しているか判断できなかったから、桑折さんに意見を求めた。コタンのピーナッツを初めて食べた桑折さんは、「粒は小さいけど、力強い味を感じました」と振り返る。

「エネルギーを感じるというか、栄養価が高そうで、食べすぎたら鼻血が出そうな味でした（笑）。漠然とですけど、ヒマラヤ登山に携帯したら良いだろうなぁと思いましたね」

桑折さんの太鼓判もあり、小粒のピーナッツだけを使うことに決めた。

もうひとつ、重要な発見があった。現地で試作して持ち帰ったピーナッツバターを友人たちに試食してもらうと、何人かから「これ、スパイス入れてるの？」と聞かれた。現地ではわからなかったが、確かに香ばしいピーナッツの甘味に少しスパイスが効いていて、思いのほかおいしく感じた。現地の人がいつも使っているすり鉢に、スパイスが残っていたのだろう。ピーナッツバターは味で差別化するのが難しいと感じていた仲さんは、「これは面白い！」と、桑折さんの同意も得て、現地のスパイスを加えることに決めた。

並行して、現地で会社を設立する手続きに取り掛かった。現地に工場を建てて生産を始めるためには、現地法人が必要だったのだ。日本で会社をつくる方法ならインターネットで調べられるが、ネパールはそうはいかない。現地の専門家の手助けが必要になるため、２０１７年1月に再び現地へ。「できる限り早くお願いします」と伝えて、手続きを依頼した。それが功を奏し、5月に現地法人「Bipana Incorporation Pvt. Ltd.」を立ち上げた。Bipana とは、ネパール語で「現実のものになった夢」を意味する。

さらに、現地の農民たちとコミュニケーションをとって関係性を構築することが必須だと考えて、コタンの生産者向けにオーガニック栽培の勉強会をスタートした。最初に現地に行った時、コタンにあるホテルで地元のＮＰＯがオーガニック農業を啓蒙する勉強会を開いていて、知り合いになった。そのＮＰＯのメンバーにピーナッツの話をして協力してくれるよう頼んだところ、快諾してくれたのだ。

工場を建てる場所も、知人のツテをたどって確保した。コタンにはまだ電気すら通っていなかったが、「いずれ送電されるはず。それまでは電気を使わずピーナッツバターをつくればいい」と考えていた。工場はその年の12月に稼働を始めると決め、それまでに完成するよう段取りをつけると、日本に帰国。友人、知人に声をかけ、ネパールで購入した手動のミルや空き瓶でピーナッツバターをつくれないか、実験を繰り返した。

日本の仕事と現地とのやり取りが怒濤のように続く日々のなかで、9月にビッグニュースが飛び込んでくる。コタンで送電が始まったのだ。「これで電動ミキサーが使える！」。まるで仲さんの溢れ出るエネルギーが伝わったかのようなタイミングだった。

50人が面接を受けに来た

12月、再びコタンに向かった仲さんは、久留米弁で怒鳴っていた。

完成に近づいているはずの工場の現場に向かったら、まだほとんどなにもできていなかったのだ。なにごともノンビリとしか進まないとはわかっていたが、12月17日にはピーナッツバターの製造を指導するために、桑折さんが訪ねてくることになっていた。それまでに工場が完成していないと、桑折さんが来る意味がない。

仲さんは施工の責任者を呼び出し、「ここでナメられてはいけない」と、父・正博さんをイメージしながら久留米弁で叱りつけた。そして「私と同じ迫力で、ネパール語で今のことを伝えて」と通訳のサビタさんに頼んだ。普段かわいらしい高い声のサビタさんが、けっこうな迫力で怒鳴っているのを見て笑いがこみ上げたが、グッと我慢。なんとしても期日通りに完成すると約束を取り付けることに成功した。

工場で働くスタッフも採用しなくてはならない。食品の製造は衛生管理が不可欠。時間やルールを厳守できる人を採用するために、仲さんはまず、自分とサビタさん、工場の責任者に就く現地の青年、もうひとりのスタッフ、現地の知人の5人で二手に分かれて、集落の一軒、一軒を訪ねてまわった。そして、なぜコタンでピーナッツバターなのか、それは仕事をつくることで暮らしを変えるチャンスを提供したいから、そのために時間とルールを守る人を仲間にしたいと伝えた。合わせて、約100軒の家を訪問した。

翌日、面接の会場には50人の村人が訪れた。採用したのは、18歳から42歳までの女性8人。基準は「自分たちが成長することで会社を大きくしたい」というモチベーションの高さだった。

工場のスタッフの月給は約8000円。子どもがいるスタッフの生活も考えて、勤務時間は10時から15時半で、週休2日制。ネパールではホワイトカラーの初任給が約

1万円と言われていて、もちろん、コタンに同じような条件で働ける場所はない。この手厚い待遇からも、仲さんの想いが伝わってくる。

迎えた12月の半ば、なんとか無事に工場が完成。予定通り、桑折さんによる指導が行われた。仲さんはそれまで、「1、2カ月はトレーニング期間が必要だろう」と思っていたそうだ。しかし、8人のスタッフの理解の速さと動きの良さは予想以上で、桑折さんも「彼女たちなら、私がなにか言わなくても大丈夫だと思う」と驚いたそう。開通したばかりの電気でミキサーを動かしてつくったピーナッツバターは、「めちゃくちゃおいしかった！」。

バイタリティの源は？

12月末に帰国した仲さんは、年明けの2018年1月に再訪。工場では、さらにテキパキと効率よく動けるようになったスタッフが待っていた。さらに嬉しいサプライズもあった。製品化を終えて成分を調べたところ、品種改良されていないコタンのローカルピーナッツに通常のピーナッツの約1・3倍もタンパク質が含まれているとわかったのだ。仲さんは驚くと同時に、「コタンのピーナッツは土の中に埋もれていた

現地スタッフと仲さん。（提供／SANCHAI）

宝物みたいだ」と感じたという。

　仲さんは、それから1年をかけて、ブランディングとマーケティングに手をつけた。仲さんが考えていた700ネパール・ルピー（約6ドル）という価格について、現地で知り合ったビジネスマンたちに意見を聞くと、全員から「高すぎる」と言われた。そこで、消費者の反応を確かめるために、外国人のお客さんが多い首都カトマンズのファーマーズマーケットに出店。そこで400人弱に試食をしてもらったところ、27％の人が購入した。

　この結果を見て「試食をしてもらったら売れるから、試食する機会をどうつくるか」と考えた仲さんは、取り扱ってくれそうなセレクトショップや高級スーパーにアポなしアタック。いきなり訪ねていき、現場の人に決定権のある責任者と話したいと告げ、出てきた責任者と直接交渉するという剛速球の営業で、ホテルや欧米人向けの食品店などの取引先を一軒、一軒、開拓した。

同時に、日本に輸出するための手続きも進めた。

「輸入代行してくれる会社があるんですけど、うちみたいな小さい会社の食品って手間は同じなのに数が少なくてお金にならないから、請け負ってくれないんです。だから、輸入の手続きの仕方もぜんぶ自分で調べて、代行を通さずにできるようにしました」

輸入の準備が整った2019年4月、日本法人「SANCHAI」を設立。それまでは投資家・中野さんの会社の社員として、コタンのピーナッツバターのプロジェクトを動かす立場だったが、このタイミングで会社を離れ、中野さんのサポートのもと、代表に就いた。

起業から1カ月後の5月には、のべ80店舗以上のパン屋さんが集う「青山パン祭り」に出店して、日本での販売をスタート。同月に行われたカレーのイベントにも出て、最初に輸入した分はほとんど売り切った。その後はファーマーズマーケットなどのイベントを中心に販売していたところ、口コミで評判が広がり、雑誌やウェブにも取り上げられた。世界の名レストランで働いた経験を持つ著名な料理人、太田哲雄さんも愛用。顔が広い太田さんや桑折さんの紹介もあって、料理人の間でもファンが増え始めているという。

現在は、コタンのピーナッツを使ったビジネスを始めると決めた当初から構想していた、ピーナッツバターをベースにしたエナジーバーの開発も進めている。これはヒマラヤのトレッカー向けの商品で、仲さんは「ネパールを代表する商品にしたい」と意気込む。

僕は思わず、仲さんに「そのバイタリティはどこからくるんですか?」と尋ねた。すると、仲さんは「工場の子たちが楽しそうにピーナッツバターをつくっているのを見ると、幸せな気分になるんです」と微笑んだ。

「日本での反応をスタッフに伝えると、目に涙をためて喜ぶんです。私と同じ歳で最年長のビナは旦那さんが出稼ぎに行っていたんですが、体調を崩して帰ってきて、自分が稼ぐしかないと畑仕事で食いつないできました。彼女はうちの工場で働くようになって、本当に人生が変わったと言ってくれます。彼女たちが人生を謳歌して楽しむ姿を見るのは、私にとってどんなエンターテイメントよりも感動的で、これこそが私が手掛けるビジネスの最大の価値だと感じています」

現在、現地のスタッフは3人増えて、11人。「SANCHAI」を通して、もっとたくさんの人たちの人生を豊かなものにする。それが仲さんのエネルギー源になっているのだ。

ところで、仲さんに後を継がせようと頑張っていた父・正博さんは、仲さんの仕事についてどう思っているのだろうか？

「一生、勘当されるかなと思ったんですけどね。私がメディアに取り上げられたりするのが嬉しいみたいで、今はすごく応援してくれています」

「過去にないことに挑戦しろ」という父の教えを体現する仲さんは、これからも笑顔でオフロードを駆け抜ける。

SANCHAI

第3章 日本一、そして世界を目指す

「神様」を唸らせた醸造家。世界のVIPをもてなすワイン誕生の舞台裏

キスヴィン・ワイナリー　斎藤まゆ

２０１１年11月。斎藤《さいとう》まゆさんは、フランスのシャル・ル・ドゴール空港から全日空（ＡＮＡ）の飛行機に乗り、日本に向かっていた。彼女はその2年前、山梨で誕生したばかりのキスヴィン・ワイナリーのオーナー、荻原康弘《おぎはらやすひろ》さんからスカウトされて、同ワイナリーの醸造家に就いた。しかし、自社醸造所の完成が遅れていたため、フランス・ブルゴーニュ地方のシャブリ地区にある名門ワイナリーと、ピノ・ノワールが有名な産地イランシーのワイナリーで、ブドウの収穫と醸造を学ぶ修業に出た。１年以上にわたったその修業を終えて、帰国の途に就いたところだった。

雲の上を滑らかに進む機内で、がむしゃらに過ごしたワイン畑の風景を思い浮かべながら、彼女は確かな手ごたえを感じていた。

「本当に、いい修業ができた。これで日本に帰ってしっかりしたものをつくれば、必ずチャンスがあるはずだ」

山梨に戻れば、ワインづくりが始まる。それは、当時31歳の斎藤さんにとって、プロの醸造家としてのデビューを意味していた。フランスで充実した日々を過ごしたこともあり、スパークリングワインを開ける瞬間のように気持ちが昂った。

「いつか、自分がつくったワインを飛行機のファーストクラスにのせたい。ビジネスクラスじゃなくて、絶対にファーストクラス！」

それから9年の月日が過ぎ、迎えた2020年6月。全日空の国際線ファーストクラスで、日本のブドウ「甲州」を使ったANAオリジナルワインの提供が始まった。期間は6月から8月までの3カ月。そう、これは東京五輪を目指してファーストクラスに乗る世界中のVIPをもてなすために、独自に開発されたものだ。日本に数ある名ワイナリーのなかから、全日空と組んでそのワインをつくったのは、斎藤さんが醸造家を務めるキスヴィン・ワイナリー。2013年に自社の醸造所でワインをつくり始めたスタートアップの快挙だった。そのワインは「ANAオリジナル　Kisvin 甲州2019」と名付けられた。

ところが、新型コロナウイルスの影響で東京五輪は延期に。「世界中のVIPがファーストクラスでうちのワインを飲む」ことを楽しみにしていた斎藤さんにとって、心の底から残念で悔しいことだった。しかし、日本の航空業界首位、ナショナル・フラッグキャリアである全日空が、東京五輪の期間にファーストクラスで出すオリジナルワインの開発パートナーとしてキスヴィンを選んだという事実に変わりはない。斎藤さんは、気持ちを切り替えるように、大きな笑顔を見せた。
「ひとつ目標は叶いました。ここからがまたスタートかな！」

お笑い芸人志望の女子大生

今や日本を代表するワイン醸造家として注目を集める斎藤さんだが、意外なことに、かつてはお笑い芸人を目指していたという。

もともと外国語を学ぶのが好きで、海外生活にも興味を持っていた斎藤さんは、15歳にして日本を飛び出した。アメリカのテネシー州にある、日本の大学の付属高校に進学したのである。その時、お笑いに目覚め、卒業後は「芸人になろう！」と早稲田大学の第二文学部に入学した。早稲田大学は「演劇の早稲田」ともいわれ、多くの演劇人を輩出している。いかにもアクティブな女の子は、演劇が「芸の肥やし」になると考えていたのだ。

しかし2000年、大学2年生の夏休みに彼女の人生は大きく方向転換する。それは、早稲田大学でフランス語の講師をしていた加藤雅郁《かとうまさふみ》さんの呼びかけで、ほかの学生たちとともに出かけたボルドー、ブルゴーニュ、コルシカ島を巡る旅での出来事だった。

老夫婦が経営するボルドーの小さなシャトーに立ち寄ったその日は、からっと晴れ渡り、濃いブルーの空が広がっていた。

老夫婦は「この場所であなたたちと出会えて、一緒に乾杯できることをとても嬉しく思います」と挨拶し、ブドウ畑で自分たちのワインを振る舞った。爽やかな風が吹き、青々としたブドウの葉が揺れる。老婦人は穏やかに微笑みながら、学生たちと言葉を交わしていた。その瞬間に、心を奪われた。

「お笑いは才能がなくて、その時にはもう諦めなくてはいけないと思っていたし、自ら命を絶ってしまった同級生がいたこともあって、生きるということについて、とっても迷っていた時期でした。だから、ワインづくりというひとつの仕事をしながら年を重ねてきたおばあちゃんを見た時に、素敵だな、私もああいうおばあちゃんになりたいなと思ったんです」

ワインを楽しんだ後、みんなでブドウの収穫を手伝った。たわわに実ったブドウを手にすると、感じたことのない喜びが沸きあがった。この1日で、みずみずしいブドウを育て、おいしいワインをつくるという仕事に魅了された。2020年に40歳を迎えた斎藤さんは、20年前の出会いを、しみじみと振り返った。

「たった一度の旅で、人生って変わるんですね」

フランスのワイナリーを巡る旅から日本に戻った斎藤さんは、早稲田大学での生活に興味を失った。授業に出なくなり、間もなく退学した。「ボルドーのおばあちゃんみたいになりたい。私もワインをつくりたい」という想いが膨らみ、抑えきれなくなったのだ。

その後、ワインをつくるならまずは料理と栄養学の知識が必要だと、アルバイトをして貯めたお金で赤堀栄養専門学校（現在の赤堀製菓専門学校）に通い始めた。そこで調理師免許を取得すると、両親を説得して、アメリカのカリフォルニアに渡った。

「フランスから戻った時に日本のワインを飲んで、なんでこんなにまずいんだろうと思ったんですよ。その時は若かったので、私はボルドーで飲んだようなワインをつくりたい、つくれないわけがないと思っていました（笑）。その時に、日本でワインをつくるなら、フランスとか伝統的な産地じゃなくて、ヨーロッパ以外の新世界と言われる地域にヒントがあると思ったんです」

「まゆ、アシスタントにならない？」

斎藤さんが目指したのは、農業分野では世界トップクラスとして知られるカリフォルニア州立大学フレズノ校農学部のワイン醸造学科。1400エーカー（およそ東京ドーム122個分）のキャンパスを誇り、構内に農場や牧場、そして受賞歴のあるワイナリーを持つこの大学は、素人でも5年間でワインの専門家に育て上げる体系的なプログラムを持っていた。

2004年、得意の英語を活かしてワイン醸造学科に入学した斎藤さんは、「これだけ好き勝手にさせてもらって、結果を出さずに帰国することは許されない」と腹をくくり、入学当初から、ある目標を定めた。

「うちの学科は伝統的に、卒業する学生のなかでひとりだけ、ワイナリーのアシスタントとして1年間、学校に残ることができるんです。学校がビザを取ってくれて、給料をもらって働ける。どうしてもその枠に入りたかったんです。業界に出ると、失敗は許されません。でも、大学のワイナリーは学生がいろんなことを試行錯誤するためにあります。アシスタントになれば、自分が失敗をしながら学ぶことができるだけでなく、学生の失敗も間近に見ることができるじゃないですか。そこから得るものはとても大きいと思って」

大学の指導陣は、全米屈指の顔ぶれが揃っていた。構内のワイナリーには専任のスタッフがいて、最新の設備が整っている。充実した機材は、ワイン醸造学科の卒業生が醸造家としてひとり立ちした時に自社の製品を使ってもらおうと、機材メーカーが寄付するそうだ。

この環境を求めて、ワイン醸造学科にはモチベーションの高い優秀な学生が集まってくる。そのなかで「ひとり」に選ばれるためにはどうしたらいいのだろう？　斎藤さんは、心に決めた。雨の日も、風の日も、毎日のように校内のワイナリーに顔を出し、掃除でも雑用でもなんでも手伝った。大学の指導陣だけでなく、ワイナリーのスタッフに「熱心で使える若者がいる」と印象付ける作戦だ。

1年生の時からワイナリーに通い詰め、大学生活が5年目に入ったある日のこと。いつものようにワイナリーに足を運ぶと、専任のスタッフが微笑みながら声をかけてきた。

「まゆ、アシスタントにならない？」

よし！　手塩にかけて育てたブドウの樹から初めて果実を収穫するように、斎藤さんの4年間が報われた瞬間だった。

もうひとつ、斎藤さんが大学2年目、2005年の3月から始めたことがある。「学んだことを発信して残しておかないと、就職活動する時になにも証明するものがない」と、履歴書代わりにブログを書き続けていたのだ。「ブドウ畑の空に乾杯」と名付けたそのブログには、学業についてだけでなく、仲間を呼んでのパーティー、友人との旅行、恋の話など斎藤さんの日常がつづられている。

2007年の1月、斎藤さんはこんなことを書き記していた。

「新学期が始まって3日ほどになる。新しい教室、新しい教科書、すでに山積みの課題。これが憂鬱でなくて何であろう。（中略）私はどんなことがあっても授業を休まないつもりだ」

大学時代は、楽しいこと、楽なほうに流れてしまいがち。その自分を戒めるような言葉に、斎藤さんの覚悟がうかがえる。

予想外のオファー

斎藤さんが履歴書として書いていたこのブログを読んで、「会いたい」と連絡してきた人がいる。キスヴィン・ワイナリーの代表、荻原さんだ。山梨の塩山《えんざん》で祖父の代からブドウ農家をしていた荻原さんは、２００５年頃から仲間たちとTeam Kisvin（チーム・キスヴィン）を立ち上げてワイナリーを設立しようと動いていた。２００８年には、初めてワイン用ブドウを甲府市内のワイナリー、シャトー酒折に卸し、「Kisvin Koshu 2008」を発売。次なる目標は、自社の醸造所でオリジナルワインをつくることだった。その醸造家として、まだ学生だった斎藤さんに白羽の矢を立てたのだ。

「誰か読むんじゃないのと思ってブログを書いていたけど、まさか本当に読んでメールを送ってくる人がいるとは思わなかったですね。メールには『会いに行くので、時間をとってもらえませんか？』と書かれていました。正直、誰この人、怪しい人だったらどうしようって思ってました（笑）」

それでも一応、会って話をすることにして、返信。２００８年1月、チームの仲間と連れ立ってカリフォルニアに来た荻原さんと、対面した。警戒しつつも会話を進めるうちに、ちゃんとブドウをつくっている人だということはわかった。ただし、ブドウをつくるのと、ワインをつくるのはまた別の話だ。荻原さんは「日本に戻ったら山梨に来ちゃえばいいよ」と前のめりにアプローチしてきたそうだが、斎藤さんはこの時、目の前のあか抜けないおじさんたちに懐疑の目を向けていた。

「この人たちに繊細なワインをつくれるはずがない……」

その思い込みは、覆された。大学のアシスタントを終えて帰国してすぐ、2009年の6月に塩山のブドウ畑を訪ねた時に。

「ブドウを見て、わかりました。当時のブドウは粗削りでまだまだ完成されていなかったけど、おいしいワインをつくるために真剣に力を注いでいるのを感じたし、ブドウがすごく生き生きしていたんです」

実は、帰国後の働き口を探して、ほかのワイナリーを観に行ったり、ワインと同じ醸造酒である日本酒メーカーの面接も受けていたが、斎藤さんは荻原さんのブドウづくりへの情熱と技術を信じ、醸造家としてチーム・キスヴィンの一員となった。その時、まだワインをつくる設備がなかったにもかかわらず。

相撲部屋に入る気構えでフランスへ

そのおよそ1年後の2010年9月、斎藤さんはフランス・ブルゴーニュ地方の最北に位置するシャブリ地区で1792年よりワインをつくっている名門ワイナリー「ドメーヌ ジャン・コレ」にいた。キスヴィンの自社醸造所の完成が遅れていたため、「Kisvin Koshu 2008」をつくったワイナリーであるシャトー酒折の社長、そして関連企業である木下インターナショナルの社長に頼み込んで、醸造家としての修業先を紹介してもらったのだ。

フランスへ向かう機内で、斎藤さんはこう考えていたという。

「私は相撲部屋に入るんだ」

日本にやってくる外国人力士はみな、同部屋の日本人力士たちと寝食を共にしながら、日本語や文化を学び、心技体を鍛え、日本の国技である相撲で成功を目指す。翻って、ナンバーワンのワインの産地といえば、フランス。その厳しい世界で認められるためにはどうすればいいかを考えた時に、子どもの頃から相撲が大好きな斎藤さんは、「相撲部屋に入る外国人力士」を自分に重ねた。

ドメーヌ ジャン・コレでの手伝いは当初、ブドウの収穫と醸造で最も忙しい9月、

10月の2カ月間だけ、という話だったが、結果的に1年以上をフランスで過ごすことになった。オーナー一家から「もうちょっといない？」という引き止めが続いたのだ。「多分、新しい場所で働く時に大切なことって、『私は仕事ができる』ということを見せることじゃないんです。それよりも、もともと働いている人たちが仕事をしやすいように、彼らのペースに合わせてサポートをしたり、言われる前に掃除をしたり、頼まれもしないのに毎日畑に足を運んでブドウの様子を報告する。私はそういうことをアメリカでもひたすらやって喜ばれたし、フランスでもうまくいきました」

能力をひけらかすのではなく、チームの一員として誰よりも懸命に働く。これが「相撲部屋に入った外国人力士」である斎藤さんが選んだ道だった。

ドメーヌ ジャン・コレは、とてもオープンなワイナリーだった。仕込みが終わると、地域のワイナリーで働く人たちが自然と集まってきて、ワインを飲みながら、ああだこうだと語り合う。そこでブドウやワインの情報が交換され、共有される。そこは、斎藤さんにとってかけがえのない学びの場。一緒にワインを飲み、会話を楽しみながらも、ワインづくりの知恵や知識を貪欲に吸収した。

よく気がつく働き者の日本人を、オーナー一家はよほど気に入ったのだろう。「せっかく来たんだから、赤ワインの勉強もしていくといい」と、シャブリの南西、ピノ・ノワールが有名な産地イランシーにあるワイナリーの仕事も紹介してくれた。白ワイン「シャブリ」で使うブドウ「シャルドネ」と、赤ワイン用のブドウ「ピノ・ノワール」の収穫時期はずれている。そのため、フランスでは二度の収穫と仕込みを体験することができた。新世界のアメリカで醸造家としての基礎を叩き込まれ、ワインづくりを学んだ斎藤さんは、伝統的な産地フランスで何を得たのだろうか。

「文化、みたいなものですね。フランスでは、赤ちゃんにワインの香りをかがせていました。小さい頃からいろんな香りに触れれば触れるほどプロファイルが増えて、豊かな嗅覚や味覚が育つそうです。醸造所では小さな子どもたちがうろうろしていましたし、あらゆる食材、料理、そしてブドウやワインに対しても自然と興味を持つように次の世代を育てていました。何世代にもわたって当たり前のように受け継いでゆく文化の豊かさ、ワイン文化への敬意を感じました」

屋根付きのブドウ畑

時は巡り、山梨県の塩山。荻原社長の実家の敷地の一角に醸造所が完成し、ワインづくりがスタートしたのは、２０１３年だった。

キスヴィン・ワイナリーのブドウ畑は、地域の40カ所に点在している。塩山では海外のワイナリーのように広大な土地を確保するのは難しいので、耕作放棄地などを手に入れながら、少しずつ地道に拡大してきた。

そのうちのひとつ、シャルドネの畑を訪ねると、ブドウ畑に屋根がかけられていた。この屋根付きのブドウ畑は、荻原社長と斎藤さんのアイデアと知恵が掛け合わされたキスヴィン・ワイナリーの象徴的な存在だ。

醸造家というと収穫後のブドウを醸造するための専門家のようにも聞こえるが、実際の仕事はワインの味を決めるブドウづくりから始まる。「質の高いブドウができさえすれば、醸造とはシンプルかつ平易なもの」という斎藤さんも、ブドウづくりのエキスパートだ。斎藤さんは「どこどこがワインづくりに恵まれた土地で、どこどこは適さないという判断はまったく信じていない」という。なにかがあるとすれば、それは気候や土質といった「違い」だけ。その違いを受け入れたうえで、「つくりたいワイン用のブドウに対して一番いいことをしてあげる」ことが重要だと話す。

フランスやアメリカと違って雨が多く湿度が高い日本では、いかに水分との戦いを

撮影／土屋 誠

制すかがブドウづくりのカギを握る。高い湿度は病気の原因となることもある。そこでキスヴィンでは、十分な日光と風当たりを確保するために、棚に枝を這わせる棚仕立を採用。そこに、屋根をかけた。

「シャルドネの場合、以前はブドウが雨に濡れないようにひと房、ひと房に傘紙をかけていたんですが、そうすると風通しが悪くなって湿気もこもってしまう。そこで雨除けの屋根を付けたところ、雨に濡れなくなったうえに風通しも日光の当たり方も良くなりました。ちょっと病気になったものがあったとしても、きちんと日光に焼かれてカチカチになって自然に落ちるようになったんですよ」

ほかのワイナリーで、同じような屋根を見ることはない。常識にとらわれず、従来よりも効果的、合理的だと判断すれば採用するのが、キスヴィン・ワイナリーの方針だ。

水分対策はほかにもある。

「雑草に水分や余分な養分を吸わせるために、下草を生やす草生栽培をしています。樹になっているブドウも、最終的には40％しか使いません。残りの60％は、根っこから吸い上げた余分な水分をためておくためのものなので、途中で切り落とします」

雑草に水を吸わせ、ブドウを水瓶にする。これもまたユニークな発想だ。

水分対策は、「質の高いブドウ」をつくるための最初の一歩に過ぎない。キスヴィン・ワイナリーでは「甲州」という日本のブドウも使用しているのだが、その栽培方法も独特。甲州の場合、日光が当たって熟してくると、果皮が紫色になる。すると特有の苦みが出てしまう。そこで、ひと房、ひと房にクラフト紙の傘紙をかけて日光を遮断。そうすると果皮が緑のまま糖度が上がり、苦みがなく、爽やかな酸味を残した甲州になる。キスヴィン・ワイナリーではこれを「エメラルド甲州」と呼んでいる。

ブドウへのこだわりは、尽きることがない。

「ブドウの種がないぐらいの、不受精花と呼ばれる小さい粒を増やしたいんです。これがしっかり熟すと、糖分などいろいろな要素が凝縮された粒になって、すごくおいしいワインができるんですよ。こういう粒を増やすにはどうしたらいいか、荻原といつも話し合っています。荻原は間違いなくブドウづくりの天才で、そんなこと考えもしなかったと思うような閃きで、私が望むブドウをつくり込んでくれるんですよ」

話を聞いていると、のどかなブドウ畑が最先端のラボに見えた。そう伝えると、斎藤さんは「私たちは、世界一のワインをつくると言い張ってますから」と微笑んだ。

この場所から生まれたワインが話題をさらったのは、2017年6月のことだった。

カリスマソムリエのツイート

ドッ、ドッ、ドッ、ドッ、ドッ。

2017年6月13日。斎藤さんは、胸の鼓動が速まるのを感じながら、目の前の男性の反応をうかがっていた。

その日、東京駅近くのレストランには、内々に声をかけられたワイン関係者が10名ほど集っていた。その輪の中心にいたのが、所用で来日していたジェラール・バッセさん。第13回世界最優秀ソムリエコンクールの優勝者であり、ワイン界の最難関資格マスター・オブ・ワインとマスター・ソムリエの資格を持つ、斎藤さんいわく「ワイン界の神様みたいな人」だ。

バッセさんは、斎藤さんが醸造した白ワイン「キスヴィン シャルドネ ２０１４」を口に含むと、次の瞬間、頬を紅潮させながら小さく叫んだ。

「なんだこれは！　うまいじゃないか！」

見るからに前のめりになったバッセさんが、斎藤さんに尋ねた。

「このワインは何本つくっているの？」

「１７００本くらいです」

「ＯＫ、１５００本、俺が買う」

え？　斎藤さんは一瞬耳を疑ったが、バッセさんの眼差しは真剣そのもので、冗談を言っているようには見えない。ガッツポーズしたくなる気持ちを抑えて、頭を下げた。

「ごめんなさい、売り切れなんです」

「なんと……」

残念そうな表情を浮かべたバッセさんは、気を取り直すようにスマホを取り出して、斎藤さんに聞いた。

「名前は？」

「キスヴィンです」

「違う違う、あなたの名前だ」

「まゆ　さいとうです」

アルファベットのつづりを確認したバッセさんが、何事かを打ち込んでいるのが見えた。気になるが、のぞきこむわけにもいかない。斎藤さんは持参した自信作の赤ワイン、ピノ・ノワールをバッセさんに差し出した。

バッセさんは威厳を感じさせる振る舞いで、ピノ・ノワールの味を確かめた。数秒後、なにかを確信したような様子で、斎藤さんの隣にいたキスヴィン・ワイナリーの代表、荻原さんに話しかけた。

「あなたは、いい醸造家をお持ちですね。彼女を辞めさせてはいけません。彼女をキープするために、どんなことでもしたほうがいいですよ」

英語が堪能な斎藤さんは、バッセさんの言葉が直接耳に届いていた。しびれるような感覚で、その言葉を噛みしめた。

会合が終わり、少しフワフワした気分で会場を後にした斎藤さんと荻原さんは、山梨の塩山へ帰路に就いた。中央線特急「あずさ」のなかでホッと一息つきながらスマホを開き、ツイッターを確認した時、それまでの高揚した余韻が一気に冷めた。

バッセさんが、「ユニークでセンセーショナル」「才能豊かなワインメーカー」として、「Mayu Saito」の名前をツイッターに記していたのだ。新興ワイナリー、キスヴィンの名とともに、醸造家「Mayu Saito」の存在は、世界に拡散された。

夜が明けると、「このワインはロンドンでも売られてるのか?」「フランスに持っていきたい」と国内外から問い合わせがいくつも届いていた。

終わりなき実験、尽きせぬ情熱

ソムリエの世界的カリスマ、ジェラール・バッセさんを唸らせたチーム・キスヴィン。しかし、「世界一のワインをつくる」ための努力に、終わりはない。

２０１８年から、日本のブドウ「甲州」を育てる時、ひと房、ひと房にかけている傘紙を改良するようになった。それまでの甲州から一段階レベルを上げる方法を探求する過程で、もしかしたら傘紙がカギを握っているかもしれないと考えたからだ。

それまでは農協で販売しているクラフト紙の傘紙を使用していたが、大阪のパッケージングメーカーと組んで、複数の素材を使った傘紙を試作。それを試してみたところ、陽の光を透し、撥水性の高いプラスチック系の傘紙をかけたブドウの調子が良かった。そこでこのプラスチック系傘紙を採用することにして、2019年にはすべての甲州にこの傘紙をかけた。すると、顕著な変化が現れた。

「ブドウの熟す速度が、いつもよりぐっと速くなったんです。エメラルド甲州の緑色の質が少し変わって、より透明度の高いブドウができるようになりました。まだ仮説にすぎないんですけど、酵母にとっての栄養素もとてもいい状態で、発酵中に酵母が出す香りがとても良かった。手ごたえを感じましたね」

この進化したエメラルド甲州が使用されているのが、冒頭に記した「ANAオリジナル Kisvin 甲州 2019」だ。

斎藤さんによると、このワインの開発には1年以上の月日を要した。著名なソムリエで、「コンラッド東京」エグゼクティヴソムリエ、全日空のワインアドバイザーも務める森覚《もりさとる》氏、全日空のメンバーと何度も試飲をして、微調整を重ねながら完成させた。この経験は、かつてない刺激になったという。

「最後、これでいきましょうと決まりかかった味がありました。その時に、ちょっと待ってくださいと言って、そのワインを99％にして、残りの1％に別の味を入れたものをつくったんです。そうすることでオレンジの花のような柑橘系のすごく華やかな香りがするワインに仕上がって、全会一致で決まったんです。一流の人と仕事をしていくなかで、自分の感性や技が磨かれていったと感じるし、この仕事でもう一段階成長できたと思います」

全日空のホームページには、「日本の美しい風土を表現した、滋味深い白ワイン」と記されている。そのページで発売されると同時に「飛ぶように売れた」（斎藤さん）というこのワインを完成させた醸造所は、想像よりもずっと小さかった。

「最近、おしゃれな感じでブティックワイナリーと言われることもあるんですけど、気持ちとしてはガレージワイナリーです。アメリカのスタートアップみたいでかっこいいでしょ」と斎藤さん。

この場所で、斎藤さんは歌いながら醸造する。踊りながら瓶詰めをする。そのかたわらに、ひとり息子がいることもある。実は、斎藤さんはシングルマザー。斎藤少年

撮影／土屋 誠

は、キスヴィン・ワイナリーが設立されたのと同じ年に、この世界にやってきた。

妊娠するとお酒が飲めないだけでなく、嗅覚や味覚も影響を受けるため、醸造家の仕事をするのが難しくなるのだが、社長の荻原さんを始め、ワイナリーのメンバー全員が妊娠を祝福した。息子が赤ん坊の時も、そして今も、全力でサポートしてくれている。荻原さんと3人で、釣りに行ったりもする。斎藤さんはそのことに「感謝しかない」と話す。

だからこそ、息子には自分が喜びに溢れながら世界を舞台に仕事をする姿を見せたいと思っている。いつか、いつか、「僕もワインつくりたい」と言ってくれたら、いつでもおいで、最高の仕事だよ、と応えられるように。

キスヴィン・ワイナリー

月イチ営業で研究開発。前代未聞のオリジナルチーズが開く未知の扉
チーズ工房【千】sen　柴田千代

２０１８年11月3日、千葉県大多喜町で「チーズ工房【千】sen」を構える柴田《しばた》千《ち》代《よ》さんは、世界最大級の国際チーズコンクール「ワールドチーズアワード２０１８」の開催地、ノルウェーのベルゲンにいた。

柴田さんは、その1年前に「第11回 ALL JAPAN ナチュラルチーズコンテスト」で女性職人として初めて最高賞の農林水産大臣賞に輝いた。ノルウェーまで来たのはしかし、女性王者として大会に参加する……のではなく、日本の大学の教員や乳業メーカーの社員とともに、この大会を視察するためだった。

当時、この大会は日本のチーズのエントリーを認めていなかった。福島の原発事故以来、ＥＵでは放射性物質にかかわる日本産食品の輸入規制が続いていたのだ。日本の視察団のミッションは、「どうすればこの大会に参加できるか」「この大会を日本に誘致するためにはどうしたらいいか」を調査することだった。

会場で、柴田さんは大胆な行動に出た。通訳を連れて、大会事務局のトップを務め

る女性、トルティエ・ファランドさんのところに行くと、直談判したのである。

「日本から来ました、チーズ工房・【千】の柴田です。この会場に、私のチーズはありません。日本の出場資格がないからです。どうか、私たちのような小さな工房でも大会に出場できるようにチャンスをください！」

「あなたと私の感情論で決められないことはわかってるでしょ？」

驚いた様子のトルティエさんに「承知のうえです」と伝えて、まっすぐに目を見つめた。すると、トルティエさんは微笑んだ。

「そもそも、私たちはあなたのような小さな工房に光を当てるために、コンクールを開いているの。時間はかかると思うけど、でも諦めないで待っていてね」

それから10カ月後の2019年9月4日、日本の国産チーズを統括するチーズプロフェッショナル協会から、電話があった。

「ワールドチーズアワードの事務局から、『日本の出場資格を認めます』と連絡がありました。2017年の国内コンテスト上位者は出場資格が得られるので、参加しますか？」

イタリアのベルガモで開催される「ワールドチーズアワード2019」のエントリー

が締め切られる2週間前のことだった。通常、国内でも海外でもコンクールの参加手続きは半年ほど前からスタートするので、2週間前というのはあり得ないほどギリギリのタイミングである。どうやら、同年3月にEUへ日本産乳製品を輸出することが可能となったことから、「特例」で出品が認められたということらしい。

柴田さんは、トルティエさんの「諦めないで待っていてね」という言葉を思い出し、その場で「参加します!」と即答した。電話を切った後、思わずガッツポーズをした。

エントリーには、検疫や英語に翻訳した紹介文の提出などさまざまな手続きが必要になる。慌てて準備を進めていた9月9日、千葉県を台風15号が襲った。千葉で最大瞬間風速57・5メートルを記録した台風は、大多喜町にある柴田さんの住まいの瓦屋根を吹き飛ばし、チーズ工房の売店の窓を破った。家のなかも、工房のなかもぐちゃぐちゃになった。

それから停電5日間、断水3日間、携帯の電波もつながらない日々が始まる。冷蔵庫が止まり、手元にあったチーズは軒並み、廃棄せざるを得なくなった。唯一無事だった乾燥熟成タイプのチーズとチーズづくりに欠かせない乳酸菌酵母は、電気水道が通っていた隣町の知り合いの飲食店に預けた。

エントリー締め切りまで、残り10日。柴田さんは、自宅と工房の復旧作業に追われながら、夜になると頭にヘッドライトをはめ、手元を照らして提出資料にペンを走らせた。夢にまで見た、世界の舞台に挑むために——。

未来に受け継ぎたい発酵食品

柴田さんがチーズに関心を持つようになったのは、高校生の時。きっかけは、小論文の授業だった。幼い頃から食べることが好きで、将来は料理人になろうと思っていた柴田さんが選んだテーマは「食の安全性」。当時、ダイオキシンや環境ホルモン、異物混入などが社会問題になっていて、興味を持った。調べを進めていくうちに、現代に蔓延する食品添加物の危険性を知った柴田さんは、「添加物がなかった時代はどうしてたんだろう？」という疑問を抱いた。そこで、チーズが登場する。

「添加物がなくても保存性の高い食品を掘り下げると、発酵というキーワードが出てきました。そのなかで、毎日30グラムずつ食べ続けても体に負荷のない発酵保存食品の第1位がチーズだったんです。栄養補助食品でもあって、例えば、マンチェゴというスペインの羊のチーズは、旅をする時に持ち歩いたって言われていて。日本って食料自給率が低いし、災害も多いでしょ。未来に受け継ぐなら添加物がなくて、保存性が高くて、栄養価が高いチーズだって思ったんですよね」

チーズは、柴田さんにとってなじみが深い食べ物だった。外資系の飛行機の整備士だった父親は、夏休みが1カ月あった。そこで柴田家は家族でフランスに行き、アパートを借りてバカンスを過ごした。フランスではチーズが日常にあって、たくさんのおいしいチーズと出会った。その思い出が強く心に残っていたから、チーズの可能性を知ってよりいっそう惚れ込んだ。柴田さんは「よし、チーズの勉強をしよう」と、北海道に乳製品加工実習場を持っていた東京農業大学に進学した。1999年の春のことだった。

月給3万円、休日3日

学生時代に憧れていたのは、白衣を着た研究者。卒業したら、北海道が誇る乳製品の大企業で働きたいと思っていた。ところが在学中にその企業が不祥事を起こし、いくつかの工場が閉鎖された。その時、テレビで解雇されたばかりの従業員が「明日から一家4人どうやって暮らしていけばいいのかわかりません……」と訴える姿を見て、大きく方向転換。人に頼らず、自力で生きていけるように手に職をつけようと、チーズ職人を志す。

こうと決めたら、全力前進。同級生が次々と大企業に就職を決めるなか、柴田さんは北海道にあるチーズ工房を調べ上げ、一軒一軒、訪ね歩いた。その場で味やデザインをチェックして、自分が気に入ったところには「勉強させてください！」と頭を下げた。

しかし、当時は個人経営レベルの工房がほとんどで、なんの経験もない若者を受け入れる余裕があるところはなかった。そのなかで一軒だけ、「給料なしでよければいいよ」と受け入れてくれたのが、農場内で飼育している牛のミルクのみを原料にした、こだわりのチーズをつくっている某チーズ工房。柴田さんは迷いなくそこに飛び込んだ。

食事付きの寮住まいで、試用期間の3カ月間は給料なし、その後は月給3万円。朝5時に出勤して、終業が21時頃になるのが当たり前。休日は月に3日だけ。とてつもなく厳しい条件に感じるけど、修業の身であることを自覚している柴田さんは、3日しかない休日も工房に足を運んで、研究に励んだ。それほど奥の深い世界だった。

乳酸菌と酵母の可能性

チーズの原料は「乳」。日本では主に牛乳だ。まずこの「乳」の扱い方で、本場のヨーロッパと大きな違いが出る。例えば、フランスでは牛から搾ったばかりの生乳をチーズに加工できるのに、日本では法律で殺菌処理が義務付けられている。その際、生乳に宿る多種多様な微生物が死滅するため、日本では牛乳の味や香りで特徴を出すのが難しくなる。

もうひとつ、チーズづくりに欠かせないのが「乳酸菌と酵母」。牛乳を発酵させてチーズにするために、乳酸菌と酵母を加える。チーズに使われている乳酸菌は8種類あり、それと相性のいいとされる酵母が6種類。その組み合わせでいろいろなチーズができる。例えば、「ゴーダチーズにはこれ！」という乳酸菌と酵母の定番コンビがあり、日本では専門の業者がパッケージで販売している。

ここで気づく人もいるだろう。平板な味の牛乳をベースに、パッケージ化された乳酸菌と酵母を使えば、似たような味のチーズができあがる。スーパーなどで販売される大量生産の安価なチーズは、この方法でつくられる。

これと違いを出し、個性を際立たせるために、柴田さんが働いていた工房では乳酸

撮影／鍵岡龍門

菌と酵母を個別に買い、独自に組み合わせていた。それによって、大量生産品にはない風味を持たせるような工夫をしていたのだ。もともと研究者志望だった柴田さんは、その生物化学的なアプローチに魅了された。

「私が働いていた工房では、ひとつのチーズに3つぐらいの乳酸菌と酵母を使っていました。それぞれ個性が違うし、菌も酵母も生きているから天候や季節によって働きも変わる。そのなかで、自分が出したい味に最適な組み合わせを探るんです。さらに、お湯の温度や塩を練りこむタイミングでも違う味に仕上がる。それを考えるのが楽しくて！　ここにいる間にぜんぶ学び切ろうと思って、毎日ノートをつけていました」

この工房での出会いも、柴田さんのやる気を掻き立てた。2004年、柴田さんの師匠にあたる先輩職人が、世界的なチーズのコンテストでアジア人として初めて最高賞のゴールドメダルを獲得したのだ。

英語が必要なコンテストのエントリー、輸送などをサポートしたのが柴田さん。しかもスタッフとして現地に派遣され、受賞の瞬間を目の当たりにすることができた。師匠の晴れ姿を見た柴田さんは、こう思った。

「私もあの舞台に立ちたい！」

そう考えた時、初めて自分の生活に疑問を抱いた。早朝から夜遅くまで働き、その日の天気も知らず、自分がつくったチーズを食べるお客さんの笑顔を見ることもないまま、一日を終える。それで世界一になっても、働き方がサステイナブルじゃないし、自分もハッピーじゃない。お客さんの笑顔が見られる規模で、世界一のチーズをつくってみたい。

ここから、「世界一への挑戦」と「サステイナブルで心地よい働き方」を両立させるための試行錯誤が始まった。

フランス、北海道、そして千葉へ

2年半でチーズ工房を離れた柴田さんは、北海道のホテルなどでアルバイトをしながらお金を貯めて、2008年、27歳の時にワーキングホリデービザでフランスへ。自分の腕をさらに磨こうと、4軒の小さな酪農家でファームステイをして、牛の乳を搾り、チーズをつくって、マーケットで手売りするという仕事をひと通り体験した。その合間を縫って、スペイン、イタリア、スイス、ドイツ、ベルギーを訪ねて、現地のチーズを食べ歩いた。

1年の滞在を終えた頃には、チーズ職人として十分な研鑽《けんさん》を積んだと自信がついた。ところが、北海道に戻っても働き場所はなかった。修業時代と同じような条件を提示する工房はあったけど、職人としてのプライドもあり、受け入れることはできなかった。

どうしようかと途方に暮れていたら、「そんないい職人さんが放浪しているなんてもったいない」と、母校の教授から学生にチーズに関する指導をしてほしいとオファーされ、とんとん拍子に講師の仕事を得る。

講師の仕事の任期は1年間だったが、時間に余裕があったため、1年後に起業しよう北海道で可能性を探った。その過程で、「チーズ工房を始めるには、３０００万円必要」という話を聞いた。チーズをつくるには、牛乳を仕入れなくてはならない。大型の設備投資もいる。土地も資金もない駆け出しの職人が独立するにはハードルが高すぎた。

先立つものもなく、手をこまねいている間に、千葉に住んでいる父親が脳梗塞で倒れた。一命はとりとめたものの、長い入院生活とリハビリが始まり、柴田さんも何度かお見舞いに帰省した。その時にふと閃いた。

「北海道にいると流通コストは高くなるし、チーズ工房がたくさんあってパフォーマンスもどんぐりの背比べ。自分がこれから高品質、高価格のチーズをつくるなら、東京というマーケットの近くにいたほうが有利かも。実家にもすぐに帰れるし、千葉に行こう！」

柴田さんは大学での任期を終えると、千葉の実家に戻った。そしてまたホテルなどでアルバイトをしながら、南房総で土地探しを始めた。日本の酪農発祥の地として知られる南房総なら温暖で年間を通して青草があるから、牛も良く育つだろうと考えたのだ。

しかし、3000万円のあてはない。そこで、「10分の1の金額で工房をつくろう」と決心し、知恵を絞った。南房総には牧場がたくさんある。牧場の近くに住めば牛乳の仕入れも楽になる。新たに建物を建てるのではなく、チーズ工房にしてもいいという前提で空き物件を借りれば初期投資を抑えられる。

そんな都合のいい物件がすぐに出てくるはずもなく、1年間で40の物件を見ても決まらない。そこで柴田さんは、目星をつけた牧場の近くの集落を訪ねて「チーズ職人やりたいんですけど、近所にいい物件ありませんか?」と聞いてまわった。それが、功を奏した。ある蕎麦屋の女将さんが、大多喜町にある牧場のオーナー夫妻を紹介してくれたのだ。

夫妻は牧場の隣にある古い実家の借り手を探していて、柴田さんが「チーズ職人をしていて、工房を開きたい。牧場から新鮮な牛乳も仕入れたい」と話すと意気投合。「私たちは頑張っている若い人の希望になりたいと思っていた。私たちの夢を叶えてくれることになるから、頑張りなさい」と快諾してくれた。

築100年を超える古民家と、農機具などが置かれていた長屋、合わせて家賃は月数万円。隣には牧場があり、搾りたての牛乳が手に入る。これ以上ない物件だ。

その時、柴田さんはチーズづくりの役に立つかもしれないと、千葉にある微生物研究所の派遣社員として働いていた。大多喜町から職場まで車で40分ほどかかるが、北海道でドライブが好きになり、今でもマニュアル車にしか乗らない柴田さんには苦にならなかった。

1カ月に1日しか店を開かない理由

２０１４年、山林に囲まれた大多喜町の静かな集落に移住した柴田さんは、古民家に居を構え、微生物研究所で働きながら、工房にする長屋のリフォームを始めた。自力でできそうなことはなるべくＤＩＹすることで、改装費を２００万円ほどに抑えた。

２０１４年12月にオープンした工房の営業日は、「月に1日」にした。よく定休日と勘違いされるそうだが、「営業日」が月に1日だけ、毎月第1日曜日に定めた。

その理由は、ふたつ。ひとつは、いきなりチーズだけで食べていくのはリスクが高いので、微生物研究所の派遣社員をしたまま二足の草鞋を履くことにしたから。こちらの仕事は月曜から金曜の8時半から17時まであるので、そもそも平日にお店を開けるのは無理だった。

それでも、やろうと思えば仕事が休みの毎週末、工房を開けることができそうだが、もうひとつの理由でそうしなかった。通常のチーズ工房では、だいたい400リットルから1・2トンほどの牛乳を仕込める設備を使っているが、柴田さんは40リットルから始めることにした。40リットルの牛乳からできるチーズは、だいたい4キロ。この規模で生きていくために、独自の道を歩む覚悟を決めたのだ。

「ゴーダも、カマンベールも、ブルーチーズも、ヨーロッパに本家本元がいるじゃないですか。それっぽくつくらないと高い評価が得られないということは、いつまでも本場の後追いですよね。その市場からは降りて、自分でカテゴリーをつくっちゃおうと思ったんです」

目をつけたのは、「乳酸菌と酵母」。最初に修業をした北海道のチーズ工房では3種類の乳酸菌と酵母を使っていたが、柴田さんはオリジナルの香りと風味を追求するために、その数を増やすことにした。乳酸菌と酵母には相性があり、まだ誰も知らない組み合わせがあるかもしれない。その可能性を追求するためには、研究する時間が必要になる。だから、週末のプライベートの時間を新しいチーズの開発にあて、月に一度だけ、研究成果のお披露目の場として店を開けることにしたのだ。

「月イチの営業で工房を始めた時、業界の人にはいろいろ言われました。そんなの無理だよ、潰れるよ、そういう風に二足の草鞋でやってるからいつまでも相手にされないんだって。さすがに、カッチーンときましたね。その人たちに、3年以内に必ず日本一を獲りますって言ったんだけど、できるわけないじゃんって爆笑されて（笑）」

周囲の冷たい視線をよそに、微生物研究所の仕事で生活費を稼ぎながら、平日は朝と晩に1日3時間、加えて週末は丸一日、ひたすらチーズの開発に打ち込んだ。試行錯誤のなか、ようやく納得できる作品として完成したのが、7種類の乳酸菌と酵母を0・01グラム単位で調合し、表面に竹炭をまぶしたチーズ「竹炭《たけすみ》」。

柴田さんは、この「竹炭」を濃厚熟成させたチーズで、2017年に開催された「第11回 ALL JAPAN ナチュラルチーズコンテスト」にエントリーした。

迎えた11月1日の最終審査会。国内のチーズ生産者73社から161作品の応募があったこのコンテストで、最高賞にあたる農林水産大臣賞の受賞者として名前を呼ばれたのは、柴田さんだった。彼女は、壇上で満面の笑みを浮かべ、胸を張ってスピーチした。

「田舎でも、女性でも、個人でも、この賞を獲ることができると証明できたことが、私の一生の誇りです」

中央酪農会議の主催で2年に一度開かれるこのコンテストは、日本一のチーズ職人を決める由緒ある大会として知られる。１９９８年2月の第1回から19年の歴史のなかで、柴田さんは極めて異色の存在だった。まず、女性職人として初めて最高賞を獲得したこと。工房を立ち上げてからわずか2年10カ月での受賞も、史上最速だった。さらに、工房は柴田さんがひとりで運営しており、史上最もミニマムな規模の経営者だった。しかもこの時まだ、二足の草鞋を履いていた。

工房を始めた時に、なんだかんだと否定的な言葉を浴びせた人たちは、どんな気持ちで壇上の柴田さんを眺めただろう。受賞後、柴田さんのチーズは月イチの営業日だけで５００個売れるようになっていた。

オリジナルチーズの誕生

柴田さんが目指していた、これまでにないチーズが誕生するきっかけになったのは、微生物研究所だった。研究所で、千葉で採取された乳酸菌酵母を分離することができるとわかったのだ。チーズの発酵に使われる乳酸菌は、現在、輸入物しか流通していない。言い換えれば、海外産の乳酸菌でつくったチーズしかない。千葉生まれの国産乳酸菌を使うことができれば、それだけで画期的なことだった。先輩スタッフにその話をしたところ、「分離してあげるから使ってみたら?」と快諾してくれた。

しかし、規定上、微生物の研究施設と認められる設備がなければ、乳酸菌をそのままの状態で買い取って使用することはできない。そこで柴田さんは、「千葉のチーズ職人、みんなで使えるようになれば」と、千葉県内のある研究所に協力を求めた。研究所で分離した千葉産の乳酸菌をそこで培養して製品化し、千葉のチーズ工房に提供してほしいと相談したのだ。

しかし、この提案は採用されなかった。柴田さんは職場で、「せっかく千葉県でとれた乳酸菌酵母があるのに、使わなかったらもったいない」とうなだれた。すると先輩が言った。

「もう、柴田さんが微生物研究所をチーズ工房のなかにつくるしかないね」

え!? と驚いたが、よくよく考えれば無理な話ではなかった。クリーンベンチという微細な菌を無菌で操作できる箱と、オートクレーブという高圧蒸気滅菌機があれば、研究施設として認められる。そうしたら、微生物研究所から直接乳酸菌を購入して、自分で培養できるようになる。

そこに可能性を感じた柴田さんは、「やります！」と宣言。30万円を投じて必要な機材を買い揃え、工房の片隅に小さな「微生物研究所」を設けた。

「機材の購入には、微生物研究所で働いて貯金したお金を使いました。恐らく、私が研究所で働いていなければ千葉生まれの乳酸菌にも出会えなかったし、その菌をチーズに使うこともできなかったと思います」

2018年、柴田さんの工房からこの国産乳酸菌を使ったチーズ「産土《うぶすな》」が生まれた。建設途中のピラミッドのような形をしたそのチーズは、従来のどのチーズのカテゴリーにも当てはまらない。食感は淡雪のようで、口に含むとあっという間に崩れ、酒粕を思わせる豊かな香りがフワッと鼻に抜ける。まさに柴田さんオリジナルの「和」を表現した自信作になった。

また、前年に日本一になったことで、彼女のチーズを店で出したいという料理人も増えて、千葉や東京のレストランに卸すようになった。これならチーズだけで食べていけるだろうと大きな手ごたえを得ていた。

そのタイミングで向かったのが、冒頭に記したノルウェーのベルゲン。41カ国から

撮影／鍵岡龍門

3472個のチーズが参加した「ワールドチーズアワード2018」の現場を見て、大会事務局トップのトルティエさんと話をしたことでかつてない刺激を受けた。

「まだ、日本人で世界一になった女性のチーズ職人はいないんですけど、視察に行った時に、これはいけるかもしれない、不可能な夢じゃないって思ったんですよ」

2019年3月、微生物研究所を退職。世界王者を目指して、舵を切った。その目標を果たすために、月イチ営業を貫いた。

涙に濡れた世界大会

チーズ職人として独自の道を歩む柴田さんの存在は、次第にチーズ業界を超えて知られるようになっていった。同年8月には、人気長寿番組『情熱大陸』に出演。放送翌日には、650件の注文が入ったという。月イチ営業日の9月1日には、テレビの影響もあって1日だけで1000個を超える売り上げがあった。

そして、先述したように、その数日後にはワールドチーズアワードへの出場が認められるという、日本のチーズ関係者の誰ひとりとして予想しなかったことが起きた。

独立してから半年、人生で初めて感じるような強烈な追い風に吹かれていた時にやってきたのが、台風15号。「家のなかを台風が通過したみたいだった」というほど自宅も工房も酷い被害を受けた。一部の瓦が吹き飛び、そのせいで全体が歪んでしまった屋根だけで、数十万円という損害だった。

停電と断水で、チーズをつくることもできない。それでも、イタリアのベルガモに行って、ワールドチーズアワードに参加するという想いは揺らがなかった。手元には、唯一無事だった乾燥熟成タイプのチーズが残っている。

問題は資金だった。通常、世界大会に出場する場合は農林水産省から滞在費や渡航費の一部などに補助金が出る可能性があるのだが、出場許可が下りたのが急だったため、すべて自費でまかなうしかなかった。ところが、家と工房の修繕費用で手持ちの現金に余裕がなくなってしまった。そこで手を差し伸べたのは、日ごろから柴田さんを応援している友人たちだった。

全国ネットで千葉の惨状が報じられたこともあり、各地の友人、36人が心配して見舞金を送ってくれた。柴田さんは、その友人たちに事情を話し、こう提案した。

「台風の被害でいただいたお見舞金なんですけど、10月に初めての世界大会が控えていて、どうしても行きたいの。その資金にしていいですか？　今、手元に現金がないんです。絶対復活するって約束するから、その活躍でお返しするというのはいかがでしょう？」

世界大会のことを知らなかった友人たち全員が、「もちろん！」と答えた。

「嬉しかったですね。本当に非常事態でしたけど、どうしても、日本のチーズが世界の舞台に立つのを見届けたかったし、トルティエさんにちゃんと御礼がしたかったんです。チャンスをくれてありがとうって。だから借金してでも行くべきだと思っていました」

10月18日、柴田さんはイタリアのベルガモにいた。「ワールドチーズアワード2019」の出品数は、前年より多い3804個。日本からは18工房の30品が出品された。それぞれのスケジュールが合わず、現地に行った職人は柴田さんだけだったが、楽しくて嬉しくて、ドキドキが止まらなかった。

会場でトルティエさんを見つけた柴田さんは、通訳を連れて話しかけた。

「おぼえてますか?」

「あら！　もちろんおぼえているわ。日本人の子でしょう。あなたのチーズはあるの?」

「3804、そのうちのひとつが私のチーズです、日本の出場を承諾していただいて、私たちはチャンスを得ることができました。本当にありがとうございます」

礼を伝えると、トルティエさんはニッコリと微笑んだ。

「ここまで来たら、あとはあなたたち次第よ。チャンスはあると思う。最後まで会場を楽しんでね。健闘を祈るわ」

ワールドチーズアワードでは、ブラインドジャッジが行われる。誰がどこでどのようにつくったのかが審査に影響しないように、なんの情報もない状態で、テーブルの上に3804個チーズが置かれる。それを、世界中から招待されたおよそ200人のジャッジが3人一組になってひとつひとつ審査するのだ。生産者は、その様子を遠くから眺めるしかない。

アワードは金賞、銀賞、銅賞の3つで、各賞100個前後のチーズが選出される。受賞するのは出品数の1割以下だから、かなり狭き門と言えるだろう。金賞だけ、さらにその上のスーパーゴールドというカテゴリーがあり、その年のナンバーワンが決められる。

審査会場の隣では展示会が行われていて、そこに生産者のブースがある。柴田さんは日本のブースにいたが、そわそわして、何度も審査会場の様子を見に行ったそうだ。

審査は10月18日に行われ、翌日に発表を迎えた。日本人のジャッジから結果を聞いた柴田さんは、日本のブースの冷蔵庫の後ろに隠れて、思いっきり泣いた。

受賞したのは銅賞。いろいろな思いが去来した。工房を始めてからわずか5年で、世界の一流と言われるチーズ職人と同じ舞台に立つことができた。初めての世界大会で、上位10％に入ることができた。やっぱり、世界のトップに立つのも不可能な夢じゃないんだ。

柴田さんは涙を流しながら、家族や友人たちに電話をし、メールを打った。

台風の被害から生き残り、イタリアに渡って銅賞に輝いた乾燥熟成タイプのチーズ、それは、日本の国産乳酸菌と酵母を使ったあの「産土」だった。

「常識」や「普通」を覆す

『情熱大陸』出演、台風15号で被災、世界大会出場と受賞というジェットコースターのような日々を経て、ようやく気持ちが落ち着いたなと思えたのは、年明けだった。台風の被害からも立ち直り、本格的にチーズの生産を始めた矢先に、今度は新型コロナウイルスが襲ってきた。４月から６月にかけては月イチ営業ができず、卸先のレストランからの注文も絶えた。これは、「台風の被害を超える大打撃だった」と振り返る。

しかし、そこで挫ける人ではない。６月はオンライン販売の規模を３倍にして、１５００個が完売。ほかの誰でもない、チーズ職人・柴田千代のチーズが食べたいという人たちが、全国に広がっているのだ。

工房を構えて3年で日本一、5年で世界大会出場までこぎつけ、ファンも増えた。しかし、柴田さんの目標は、まだまだずっと彼方にある。柴田さんによると、ひとつ５００円のチーズの約半額が職人の取り分。１０００個売って、ようやく25万円の収入になる。それではまだ持続可能なビジネスとは言えないだろう。

　工房を立ち上げた時の「数ではなく質で勝負する」という原点に立ち返り、彼女は今、素材からパッケージまですべてにこだわった、ひとつ５０００円、あるいは5万円のチーズをつくろうとしている。常識外れのチーズをつくり、それが売れることを証明できれば、全国の職人の希望の星になることができると考えているのだ。いつも笑顔を絶やさないおおらかな雰囲気の彼女のなかには、「常識」や「普通」に抗う熱い気持ちが宿る。

「女性ひとりではつくる量も限られるし、一等地に店を構えるのも難しい。でも、質とストーリー性で付加価値の高いチーズをつくってブランド化できれば、地方で、身の丈に合った規模で、女性ひとりで勝負できると証明したいんです」

　もうひとつ、彼女が工房を立ち上げてから毎年続けてきたことがある。ゴールデンウイークに、自費で50人の子どもたちを招待して、モッツァレラチーズを手づくりする「寺子屋」を開催しているのだ。これは、母校で講師をした経験がもとになっている。

「私、それまではおいしいものさえつくれば、それでいいだろうと思っている職人だったんです。でも、大学で教えたことで、教育とか次の世代に伝える面白さにはまったんです」

２０２０年はコロナ禍で開催できなかったが、これを20年続けて、工房の名前と同じ数、合計１０００人の子どもたちにチーズ職人の仕事の魅力を伝えようと考えている。

「１０００人の卒業生の１人か２人でも、次の世代にその時代に合う寺子屋を開催してくれれば私の挑戦は達成です！」

柴田さんの話を聞いていると、「開拓者」という言葉が思い浮かぶ。女性としての生き方、職人としての働き方の選択肢を提示し、チーズの可能性を広げるパイオニアだ。そう在るために、いくつもの壁にぶち当たってきただろう。でも、彼女を立ち止まらせることはできない。

「逆境になればなるほど燃えるタイプですから！」

「世界一になる」という夢も変わっていない。ヨーロッパで生まれたチーズで日本人が世界一になるということは、フランス人が世界一の寿司をつくると宣言するようなものだ。はたから見れば厳しい道のりだが、彼女ならできるんじゃないかと思わせるなにかがある。

「世界一になった時のために、スピーチの練習をしてるんです。フランス語で（笑）」

柴田さんが世界大会の表彰式でどんなことを話すのか。聞いてみたいと思うのは、僕だけではないはずだ。

チーズ工房【千】sen

キャリア3年で日本一に。全国展開も見据える鳴子発の野菜ジェラート

なるこりん　大澤英里子

東京駅から新幹線はやぶさに乗り、宮城県の古川へ。そこから陸羽東線《りくうとうせん》に乗り換えて内陸に向かうと、車窓から見える景色は緑が濃くなってゆく。文庫本を読みながら30分ちょっとで下車したのは、川渡温泉駅《かわたび》。このあたりは鳴子温泉郷と呼ばれる地域だ。プラットホームに降り立つと、周囲をぐるりと山に囲まれていた。この日は快晴で、その場で深呼吸したくなるぐらい気持ちがいい。

無人の改札口で、シェフが着る真っ白なコックコートをまとった女性が僕を待っていた。本格的にジェラートをつくり始めてからわずか3年で、2019年3月に開催の「第4回ジェラートマエストロコンテスト　決定！日本最高のジェラート職人」で優勝した気鋭のジェラティエーレ、大澤英里子《おおさわえりこ》さんだ。

鳴子出身の大澤さんがつくるのは、独力で開発した「野菜ジェラート」。地元の生産者から仕入れたフレッシュな野菜をふんだんに使ってまったく新しい味を生み出し、

それが高く評価されてきた。現在、日本初の野菜ジェラート専門店「なるこりん」を2店舗営んでいるオーナーシェフであり、経営者でもある。

なぜ、ジェラートに野菜を使おうと思ったのか、それはどのようにつくられているのか、そして、どんな味がするのか。

大澤さんの車に乗せてもらい、「なるこりん」の鳴子店へ。以前、大澤さんの母親が開いていた飲食店をリノベーションしたという店内で話を聞いた。とんとん拍子にも感じる大澤さんの歩みは、決して順風満帆ではなかった。


鳴子の自然、温泉、野菜が起こしたミラクル

２００４年、東京。当時、中目黒に住んでいた大澤さんは、ひどい肌荒れに苦しんでいた。高校を卒業してすぐに上京し、ファッションとネイルの学校に通った後、都内で働いていたのだが、しばらくすると軽く触れるだけで強い痛みを伴う発疹が顔に出始めた。化粧どころか、顔を洗うのもつらい状態だった。良さそうな皮膚科を探して訪ね歩いても、原因すらわからない。少しでも血行を良くして新陳代謝を促そうとジムに通い、お風呂で汗を流しても、効果なし。2年経ってもいっこうによくなる気

配がなく、次第に気持ちが塞がり、家から出ることすら憂鬱になった。

その年の春、鳴子に帰郷した。1000年以上の歴史を持ち、長らく美肌の湯と称えられてきた鳴子温泉で湯治をしようと考えてのことだった。母親のツテもあり、肌にいいと評判の温泉に毎晩通うようになった。娘を心配した母親は度々、大澤さんを車に乗せて、緑豊かな自然の景色のなかへ連れ出した。東京では得られないその心安らぐ時間は、「鳴子はなにもなくて退屈。都会のほうが楽しい」と思っていた大澤さんに、地元の良さを再発見させるきっかけにもなった。

少し元気が出てくると、母親が経営する

飲食店を手伝うようになった。料理上手な母親の影響もあり、子どもの頃から料理やお菓子づくりが好きだったのだ。

ある日、飲食店で使う野菜の買い出しで近所の「あ・ら・伊達《だて》な道の駅」に行った大澤さんは目を丸くした。それまでは帰郷しても数日程度で、2001年にできたこの道の駅に来たことがなかったのだが、驚くほど大勢の買い物客でにぎわっていたのだ。しかも、ほとんどの人が大量に野菜を買っている。買い物客のお目当ては、近隣の生産者が販売している、畑から収穫したばかりの新鮮な野菜だった。

試しにいくつかの野菜を買って食べてみたところ、東京のスーパーで買う野菜とは比べ物にならないほどジューシーかつ香り高い。特にフルーツトマトは、「すごい、こんなおいしいトマトがあるんだ！」と惚れ込んだ。それまで特に野菜が好きでもなかったのに、それからは毎日、道の駅で野菜を購入し、自宅でも食べるようになった。

それから、3カ月後。なにをしてもよくならなかった顔の発疹が、ウソのように消えた。どんな皮膚科に行っても原因不明で治らなかった肌荒れが、鳴子の自然と温泉、そして野菜で治ったのだ。鏡を見ては傷つき、悩んできた2年間から解放された大澤さんの胸のうちには「やりたいこと」がふつふつと湧き上がってきた。

「小さい時は、鳴子っていなかだな、温泉もゆで卵くさいなって思ってたんですけど、その自然こそが、ここの宝だと思いました。だって、自然の力で元気になるってすごいことですよね。でも、小さい頃によく見た、丹前に下駄をはいて、からんからんって歩いている観光客の姿が少なくなって、町が昔よりも静かになっちゃった。それを実感した時に、自分になにができるってわけじゃなかったけど、どうにかしなきゃ、と思ったんですよね」

自分を元気にしてくれた鳴子の自然やその恵みのすばらしさを、もっと伝えたい。大澤さんは大好きだった東京に別れを告げ、完全に引き上げることにした。26歳の時だった。

帰郷した当初は、母親のお店を手伝っていた。道の駅で売られている野菜には、誰がつくったのか明記されている。せっかくおいしい野菜を仕入れているのにただ調理して提供するのはもったいないと考えた大澤さんは、お店の黒板に誰々さんの野菜と記し、野菜の健康効果を調べて記すようにした。お店は自然と鳴子の野菜中心のメニューになっていき、それがまたお客さんに好評だった。

そのうちに、「いつかカフェをやりたい」と思うようになり、仙台にあるカフェ併設のケーキ屋さんで働き始めた。その後、仙台に進出したフルーツタルトの有名店「キルフェボン」のオープニングスタッフになり、1年間、ホールのスタッフとして働いた。そこでタルトに使われるフルーツにも興味を持つようになり、野菜とフルーツについてしっかり学ぼうと、野菜ソムリエの資格を取った。

その間に、「資格を活かしたい、自分でつくりたい」と気持ちが変わり、2007年から再び鳴子で母親の店を手伝うようになった。

道の駅を巡っていたら閃いた

野菜ソムリエの資格を取ったことで、野菜とフルーツへの情熱がさらに高まった大澤さん。地元の道の駅でおいしい野菜を見つけると、包装紙に記されている生産者の連絡先に電話をして、農場を見学し、直接、野菜を仕入れるようになった。車で走っていて、おいしそうな野菜をつくっている畑を見つけると、そこで作業している生産者に声をかけて、その場で野菜を売ってもらうこともあった。

お店では、母親に「この野菜とこの野菜を組み合わせるとこういう効果が出る」などとアドバイスをしながら、スイーツ担当としてケーキやタルトも焼くようになった。

大澤さんが厨房に戻ったことでお店のメニューはそれまで以上にヘルシーになり、メディアにも「野菜がおいしいお店」として取り上げられるようになった。自然とモチベーションも上がり、野菜やフルーツがどう美容や健康に影響しているのかをもっと知りたいと、２００９年にベジフルビューティーセルフアドバイザーという資格を取得。さらに、鳴子温泉の魅力も発信できるようにと、温泉ソムリエ、温泉ビューティソムリエの資格も取った。

大澤親子の料理の腕前は、宮城県大崎市（ここに鳴子も含まれる）で毎年開かれている「おおさき料理対決」で証明されている。プロの料理人が腕を競うこの大会に母と娘ふたりでエントリーし、なんと２００９年から3年連続で最優秀の大崎市長賞を受賞しているのである。この快挙で、お店に来るお客さんも増えた。しかし、もどかしさも感じるようになった。

「仙台の人からも、鳴子って遠いと言われることが多いんです。お店でどんなにおいしい料理を出していても、気軽に食べに来られない場所だと、そのおいしさも伝えられない。飲食店って限界があるなと思いました」

「伝えることの難しさ」は、別の仕事でも実感した。地元の食材の活用がテーマの「おおさき料理対決」で最初に優勝した年から、「野菜ソムリエ・なるこりん」として活動していた大澤さんに、大崎市のお隣、登米《とめ》市の道の駅を巡るという仕事が来た。その時、たくさん売られている新鮮な野菜をその場で味わうことができないのは、もったいないと感じた。お客さんが野菜のおいしさを知る術がないのだ。

「もっと気軽に野菜のおいしさを知ってもらうにはどうしたらいいだろう？」

そう考えているうちに、ある日、アイデアが降ってきた。

「あ、そうだ！　野菜をジェラートにしたら面白いんじゃないかなって閃いたんですよ。その頃は野菜のスムージーはあったけどジェラートはなかったから、いろんな野菜を使ったジェラートがあったら、楽しい！　と思ってもらえるかなって。それに、ジェラートって小さい子からお年寄りまでみんな好きだし、手軽に食べられるし、冷凍だから全国にも送れるじゃないですか」

決意を固めて借りた2000万円

「野菜ジェラートをつくってみよう！」と思い立った大澤さんだが、ジェラートが特に好きだったわけでもなく、つくり方も知らなかった。インターネットや本で調べて試しにつくってみても、売り物になるような味にはほど遠かった。

さて、どうしようかと思っていた時に、仙台で開催されている「農商工連携プロデューサー育成塾」で、野菜ソムリエとして講演をする機会があった。そこでジェラートのアイデアを話したところ、たまたま参加者のひとりに「ジェラートを委託でつくって、ネット販売している」という人がいた。その人の紹介で、宮城県内のあるジェラート店に野菜を使ったジェラートをつくってみたいと相談したところ、承諾を得た。そのすぐ後に東日本大震災が起きて一度開発がストップしてしまうが、復興への想いも重なり、間もなく再始動。大澤さんがレシピをつくり、加工した野菜をお店に送って、ミルクベースのジェラートに混ぜてもらうという形で、最初の野菜ジェラートは誕生した。

その頃、復興支援のイベントも多かったので、都内の百貨店の催事などで販売し始めたところ、当時、野菜を使ったジェラートはほかになかったこともあり、目新しさと地元の野菜を活かすコンセプトが注目を集め、２０１２年、東京ビッグサイトで開催された「第12回グルメ&ダイニングスタイルショー秋２０１２」のフード部門で大賞を受賞した。

しかし、大澤さんはモヤモヤしていた。委託先は秋田の牛乳を使っていたのだが、それを鳴子の牛乳にして、鳴子の温泉水と地元の野菜も組み合わせて、自分の手でオール鳴子のジェラートをつくってみたいと考え始めていたのだ。

次第にその想いが募り、第一歩として、地元の鳴子にお店を開くことにした。母親のお店の駐車場の一角にプレハブを置いて、お店にしようと見積もりを取ると、内装や設備も含めて600万円かかることがわかった。手持ちの資金ではまかなえないので、事業計画書をつくって、銀行に向かった。そこで、言葉を失った。

「鳴子ってすごい雪が降るでしょ。そんな雪の降るところでジェラートですか?」

事業計画書を見た担当者が、いかにもバカにしたような口調で笑ったのだ。

ほかの銀行や公庫を訪ねても、どこも似たような反応が返ってきた。それでも、諦めようとは思わなかった。

「こんなにおいしい野菜があるのに、それを伝えないのはもったいない。野菜ジェラートって面白い、食べてみたいと思ってくれる人も絶対いるはずだと思っていました。だから、もしダメだったらどうしようとは考えずに、どうしてもやりたいっていう想いだけでしたね」

この情熱が、たったひとりにだけ伝わった。ある信用組合の職員で、その人の奥さんがたまたまプレハブでドッグサロンをやっていたこともあり、大澤さんの計画を理解してくれたのだ。その職員が保証協会にも強烈にプッシュしてくれたおかげで、当時の保証協会のトップも応援してくれるようになり、600万円の融資を得られた。

それにしても、である。もし、僕の友人が雪深い町でジェラート屋さんを始めるのに多額の借金をすると聞いたら、「大丈夫か？　よく考えろよ」と言ってしまいそうだ。大澤さんの家族は、反対しなかったのだろうか？

「特になかったですね。実は、母も私と同じ歳くらいの時に自分で借り入れしてお店を開いたんですけど、私より金額が多かったので（笑）、それほど心配していなかったようです」

こうして2014年、「野菜ジェラート専門店なるこりん」がオープン。この頃はまだジェラートの製造を委託していたが、大澤さんが目利きした地元の野菜をふんだんに使用したジェラートは、地域の人たちにとても喜ばれた。母親のお店を手伝っていた頃から付き合いがあり、ジェラートでも素材として使用している生産者にそのジェラートを持っていくと、みな「うちの野菜はこんなになるのか！」と驚きの声を上げたそうだ。ジェラートを買う人たちも、「地元の野菜を使ってるんです！」と言うと興味を持つ人が多く、野菜や生産者の話にも耳を傾けてくれた。

「鳴子に戻って良かった」としみじみ感じた大澤さんは、もう一歩、踏み出すことにした。もっとたくさん地元の素材を使って自由にジェラートを生み出すために、委託をやめて、自分でつくろうと決意したのだ。

そのためには、ジェラートをつくるための設備を整えなければならない。ジェラートマシンはイタリア製で、大澤さんがほしいものは1台700万円。さらに、広いキッチンや大型の冷蔵・冷凍庫が必要で、お店にするためには、内外装の工事やショーケースも欠かせない。幸い、場所に関しては、母親が店をたたむことになり、そこを使っていいということになったが、リノベーションの費用を含めると、ざっと見積もって2000万円。再び、融資が必要だ。しかし、この時は馬鹿にされることはなかった。6000万円を融資してくれた信用組合と保証協会が、プレハブ店舗での実績と事業の意義を評価して、もう一度、融資することを決めてくれたのだった。

野菜ジェラートのつくり方

ジェラートの職人であるジェラティエーレには誰でもなることができるが、より深い知識と高い技術を持つ「ジェラートマエストロ」になるためには、日本ジェラート協会が主催する試験を受けて合格する必要がある。お店の工事、製造設備の設置などと同時進行で無事に資格を取得した大澤さんは、2016年から念願のジェラートの製造をスタートした。このタイミングで、水は鳴子の温泉水、牛乳は鳴子上原《うわはら》酪農牛乳に切り替えた。鳴子の野菜を使えば、まさにオール鳴子産のジェラートだ。

続いて翌年には、駐車場で使っていたプレハブの店舗をトラックで運び、通い慣れた「あ・ら・伊達な道の駅」に2店舗目を開いた。ここは年間300万人を超える人が訪れる人気スポットだから、「野菜ジェラート専門店なるこりん」の知名度もグッと高まった。

大澤さんのもとには、地元の生産者から「この野菜を使ってほしい」とリクエストが届くようになった。そういう時はなるべく断らず、ジェラートを試作してみる。新しいジェラートが生まれる過程は、独特だ。

まず、メインの野菜と組み合わせる野菜やフルーツを思い浮かべる。香りが似ているものを組み合わせることもあれば、相性の良さそうな色や見た目で選ぶこともある。

その段階で、口のなかには、具体的な味が浮かんでいる。試作はその味に近づけるためのもので、だいたい2、3回で完成するそうだ。

「口のなかにミキサーがあるイメージで、素材それぞれの味を想像して混ぜ合わせると、理想の味が思い浮かぶんです。例えば、いちごって甘酸っぱい果実ですけど、私のなかでは葉っぱの香りの要素もあると思うんですよ。そこで、見た目がいちごの葉っぱに少し似ている葉わさびを合わせるとします。そこにマスカルポーネ（チーズ）を加えると、わさびの辛味がマイルドになるかなって考えながら試作するんです」

いちご、葉わさび、マスカルポーネを絡めた味をイメージできる人はそういないだろう。なぜ、大澤さんにはそれができるのか。その理由は、母親と一緒に子どもの頃からずっと料理やお菓子づくりをしてきた経験が大きいという。ひとつの素材の味だけでなく、それぞれをかけ合わせるとどう変化するのか、記憶に刷り込まれているのだ。料理の下処理のやり方や調理法をジェラートに応用するなど、母親のお店を手伝った経験も存分に活きている。これまで、ジェラートにしようとして納得できる味にならなかったのは、竹の子だけだという。

「一昨年にイベントで出すことになったんですけど、ミルクと合わせるので、繊細な

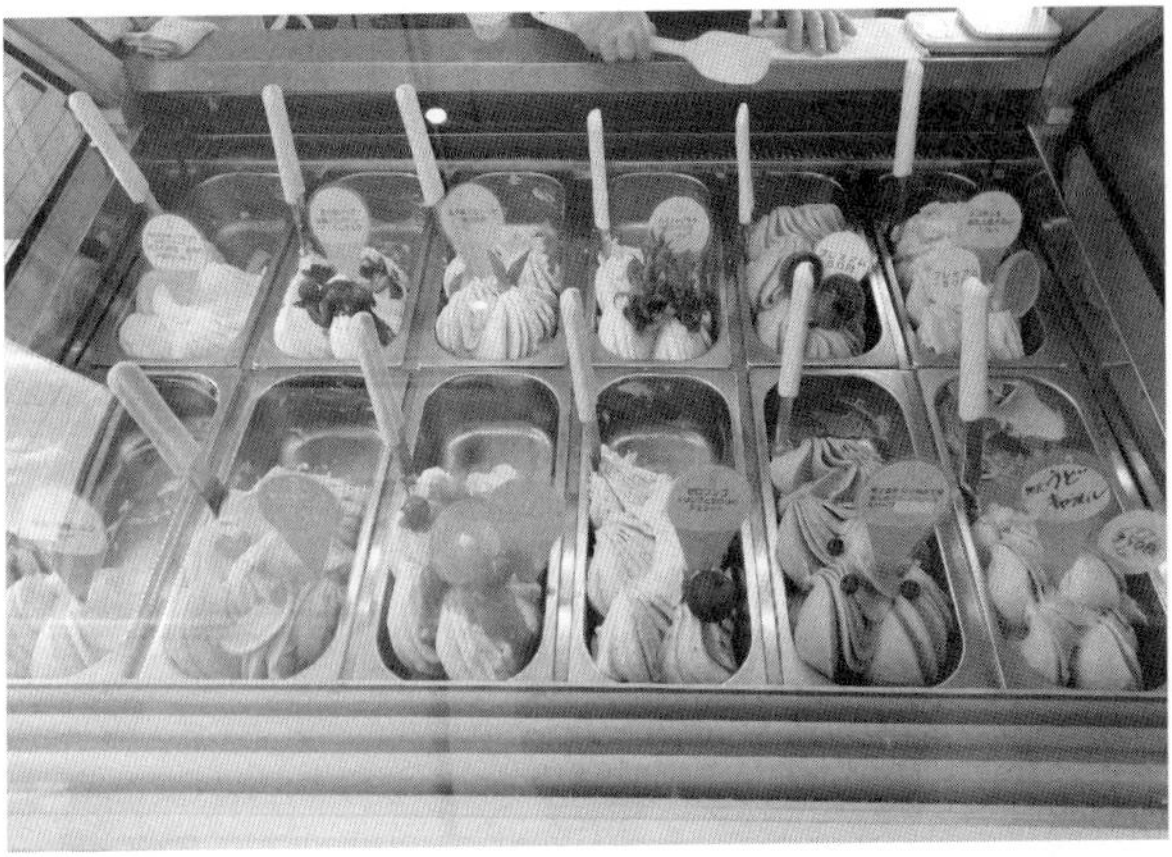

竹の子の味と香りが出しづらいんです。お味噌、醤油、鰹出汁、昆布出汁、ココナッツ、ライムとかいろいろ組み合わせを試したけどぜんぜんうまくいかなくて。ミルクを使わず、そのまま竹の子の味を出したらいいんじゃないかと思ってシャーベットにしたら、えぐみがすごくて食べられなかった。この時は、私もうジェラートつくれないんじゃないかっていうくらい自信をなくしましたね（笑）」

　竹の子のジェラートを夢にまで見るようになって、一度、開発を断念したものの、2020年、生産者からまた竹の子ででつくってほしいという依頼があり、再チャレンジしている。僕が取材に行った時にはまだ完成していなくて、試作品を食べさせてもらったのだけど、ほんのりと竹の子の甘味、香りが漂うミルクベースのジェラートで、店頭で販売されていれば売れそうな味だった。しかし、大澤さんからすると「まだまだ」。舌が肥えているからこそ、求める味のレベルも高いのだ。

コンテストでの快進撃

２０１６年に自分でジェラートをつくるようになり、翌年には、日本ジェラート協会が主催する「第３回ジェラートマエストロコンテスト」に参加した。第１回から出場したいと憧れていたが、ジェラートづくりを外部に委託している時には出場資格がなかったのだ。

このコンテストは決められたテーマに沿ってジェラートをつくり、その技量・知識・こだわりを競うもので、この時は全国70名のジェラートマエストロのなかから、予選を通過した11名がエントリー、テーマは「日本のジェラート」だった。大澤さんは、本州一の生産量を誇る地元大崎産の大豆を使った豆乳と鳴子温泉の温泉水、地元の麹でつくった自家製甘酒をベースにして、わさびと花穂紫蘇《はなほじそ》、河内晩柑《かわちばんかん》を合わせた「ふるさとの秋の恵みの宝箱」を出品し、ジェラティエーレ2年目、初出場にしていきなり準優勝に輝いた。恐らく、ほかの10人の職人は「この子はなに者⁉」と驚嘆したことだろう。しかし、本人は満足していなかった。

「私、最初から優勝したかったんです（笑）」

この言葉を聞いて、僕は思わず「ええ！」と声を上げてしまった。思い浮かんだのは、アスリートの世界にも時折現れる、大胆不敵な新星。考えてみれば、野菜ジェラート自体もこれまでにない挑戦的なアイデアなのだ。

勢いのある人のところには、幸運も転がり込む。次の年に開催された、「ジェラート日本選手権」。こちらは、日本とイタリアで行われたコンテストの上位入賞者だけに参加資格が与えられる大会で、本来なら大澤さんに出場資格はなかった。ところが事情があってほかに参加予定だった人が出場できなくなり、声がかかった。

この時は、課題部門「アーモンド」と自由部門「世界で一番おいしいジェラート」をテーマに2作品を会場でつくるという条件。大澤さんは、課題部門でアーモンドと桜を組み合わせたジェラートを出し、4位に入った。そして、自由部門ではそのイマジネーションをフルに発揮。「前からつくってみたかった」という、ポテトサラダをジェラートで表現した「新じゃがいものジェラート～ポテトサラダ仕立て」をつくったのだ。これは、オリーブオイルとブラックペッパーをかけて食べるもので、大澤さん曰く「お食事ジェラート」。もはや、デザートでもない。

この常識破りのポテサラジェラートは、自由部門で2位に選ばれた。その結果、課題部門と自由部門の総合得点で準優勝する。

「ポテサラは、新しいジャンルのジェラートをつくろうと思って考えたもので、審査員の方たちからはすごく好評でした。初めて野菜ジェラートを食べたお客さんの、面白い！　という反応が嬉しいんです。だからいつも、もっと面白いものをつくろうって意識しています」

代役で出場したキャリア3年目の新人が、日本を代表するジェラティエーレが集まった大会で「お食事ジェラート」を出して、また準優勝。これはもう、出場者だけでなく、日本でジェラートに携わるすべての人が度肝を抜かれたのではないだろうか。

大切な人へ想いを込めてつくったジェラート

大澤さんの快進撃は、止まらない。冒頭に記したように、2019年3月、「第4

回ジェラートマエストロコンテスト」では、二度目の出場で優勝を飾った。この時のテーマは「大好きな人に食べさせたいチョコレートジェラート」。誰に食べてもらいたいかを想像した時に、最初は野菜の生産者やお客さんを思い浮かべたそうだ。しかし、対象が広すぎてなにかしっくりこない。自分にとって、「大好きな人」って誰だろう。大会のことを考えず、じっくりと自分に向き合うと、たったひとり、あの人しかいなかった。母親だ。

実家の2階にはカウンターがあり、子どもの頃はメニューが用意されていた。席についてクリームソーダ、パフェなどと注文すると、母親がつくって出してくれた。そこは楽しい思い出が詰まった家族だけのカフェで、料理やお菓子づくりが好きになる原点だった。

いつもおいしいものを食べに連れていってくれて、「食」に興味を持つきっかけをくれたのも母親だった。肌荒れで落ち込んでいた時には温泉を紹介してくれたり、ドライブや散歩に連れていってくれた。5年間、一緒に厨房に立って、お店を切り盛りした。母親のお店がなければ、鳴子の野菜に感動したり、生産者と付き合うこともなかったかもしれない。

すべての始まりは、母親だった。

大澤さんは、母・まり子さんに食べてもらいたいジェラートを考えた。それは、天然のピンク色をしたルビーチョコレート、地元産のルバーブと、母との思い出がある桃、フロマージュブラン、地元の麹でつくった自家製の甘酒を組み合わせたジェラート。大澤さんが「roots of I（ルーツオブアイ）～私の根っこ 原点～」と名付けたこのジェラートが、日本一に選ばれた。

遡ること2カ月前、2019年の新年に、大澤さんは書初めで「優勝、世界へ」と書いていた。見事に目標を叶えたのだった。

日本一になったことで、大澤さんは宮城県内で一躍、時の人になった。テレビや新聞などさまざまなメディアに取り上げられ、母を連れて宮城県知事に表敬訪問もした。

仕事の幅も広がった。東北で展開している百貨店でお中元の取り扱いが始まり、催事にも出店するようになった。大手のスーパーで、野菜についてアドバイスする仕事のオファーも来ている。

一度頂点に立つと、その座を維持しようと守りに入る人もいるだろう。しかし、大澤さんはそういうタイプではなかった。

同じ年の夏に開催された「ジェラートワールドツアージャパン」。優勝すると2021年にイタリアで開催される世界大会の出場権が得られる特典があり、日本全国のジェラティエーレが目標とする大会だ。ほかの大会との大きな違いは、審査員の評価と合わせて約2万人の来場者の投票も集計されること。

来場者は一般のジェラートファンだから、僕なら来場者が好みそうなものをつくってしまうだろう。しかし、大澤さんはここで「お食事のように楽しめるシーザーサラダジェラート」を出品した。これは、地元の鳴子上原酪農牛乳とフレッシュクリームチーズ、地元産の野菜を組み合わせたジェラートで、さらに地元でつくられているベーコンをのせ、オリーブオイルとブラックペッパーをかけて食べる。そう、大澤さんが独自で開発している新しいジャンル「お食事ジェラート」で勝負したのだ。

このジェラート、食べさせてもらったんだけど、ストレートにシーザーサラダの味で面食らった。いわゆる普通のジェラートだと思って食べた来場者も、仰天したはずだ。でも、大澤さんから「焼いたバゲットの上にのせてオリーブオイルをかけて食べるとおいしい」と言われて、その通りにしたら、温かいバゲットの上で冷たいジェラートが溶けて、まさに新感覚。

大会では、やはり斬新すぎたのか来場者の票が集まらず優勝は逃したが、審査員の評価はトップで、技術審査特別賞を受賞した。

「ジェラートが好きな人が集まる場なので、もっと好きになってもらいたい、ジェラートって楽しいと思ってもらいたくて、シーザーサラダのジェラートを出しました。結果的に審査員の方々には高く評価してもらいましたし、この大会で知ったガストロノミー・ジェラートとしての可能性はすごく感じましたね」

日本発のジェラートで鳴子から世界へ

ガストロノミー・ジェラート。これはジェラートの本場イタリアで生まれた言葉で、「料理のなかに取り入れるジェラート」を指し、現地で大きなムーブメントになっている。肉料理や魚料理のソースにしたり、クラッカーや生野菜につけて食べるディップにするイメージだ。

実は、大澤さんもこの大会のメニューを決める時にガストロノミー・ジェラートの存在を知ったそうだ。鳴子という小さな町で生まれた「お食事ジェラート」が、イタリアの最先端の流行とシンクロしていたのである。

２０２１年の世界大会に出場できる日本人の枠は３。ひとつは「ジェラートワールドツアージャパン」の優勝者に決まったが、あと2枠残っている。大澤さんはそのうちの1枠を勝ち取り、世界を舞台に野菜ジェラート、そしてお食事ジェラートを披露したいと考えている。イタリアで大澤さんのジェラートがどのように評価されるのか、すっごく気になるではないか！

大澤さんが日本で、世界でタイトルを目指すのは、大きな目標があるからだ。

「なるこりんの仕組みって、いろんなところで使えると思うんです。日本にはおいしい野菜をつくっているところがたくさんありますよね。いろんな地域の生産者と組んで、素材の味を大切にした日本らしいジェラートをつくって、世界に発信したいなと思っていて。そのジェラートを通して日本に興味を持った外国の人が旅行に来たり、みんなにもっと野菜を食べてもらったり、地域を知ってもらうようなお手伝いができたらいいなと思っています」

鳴子の観光客が減り、寂しくなった町を元気にしたいと思ったのが、２００４年。それから16年が経った今、大澤さんは野菜ジェラートとお食事ジェラートで、日本の文化や資源を世界に届けようとしている。

いろいろな国の子どもが、若者が、お年寄りが、鳴子発のジェラートを食べているところを想像してみる。そのうちの何人かはきっと日本に来て、川渡温泉駅で降り、無人駅で深呼吸した後、なるこりんのお店に向かう。その後、丹前を着て、からんからんと下駄を鳴らしながら、鳴子の町を散策するのだろう。

野菜ジェラート専門店 なるこりん

最高価格1キロ100万円。常識を覆す塩づくりで挑む世界への道

田野屋塩二郎　佐藤京二郎

高知龍馬空港から、一路、東へ車を走らせる。潮風が心地いい海沿いの道をぐんぐんと進み、1時間もすると、総面積が6・53平方キロメートルという四国で一番面積が小さい自治体、高知県田野町《たのちょう》にたどり着く。

この町の東側は、甚吉森《じんきちもり》、千本山など緑豊かな山々に水源を持つ奈半利川《なはりがわ》と接している。この川が土佐湾に流れ込む河口、T字路のように川と海が交じり合う沿岸に、製塩所「田野屋塩二郎《たのやえんじろう》」がある。

2009年9月、「田野屋塩二郎」を立ち上げたのは、佐藤京二郎《さとうきょうじろう》さん。佐藤さんがつくる完全天日塩を求めて、日本全国、海外からも料理人が訪ねてくる。そのなかには、星付きレストランのシェフもいるという。

佐藤さんは、どんなに有名店でも、有名人でも、田野町に足を運ばない人には塩を売らない。「田野屋塩二郎」の塩がほしければ、佐藤さんと顔を合わせて、話をしなくてはならない。その時に佐藤さんが「違う」と思った相手にも、塩を売らない。そ

れでも引く手あまたで、問い合わせが絶えない。

佐藤さんがこれまでにつくった塩のなかで最も高いものは、1キロ100万円。欧州では「黒いダイヤ」と称されるトリュフが同程度の価格で取引されているというから、例えるならその塩は「白いダイヤ」だ。

数多の料理人を惹きつけ、目の玉が飛び出そうな金額の超高級塩をつくる職人って、どんな人なんだろう？「田野屋塩二郎」の製塩所は、土佐湾に面した堤防のすぐ内側にあった。こんにちは〜と声をかけると、事務所から「どうも〜」と姿を現した佐藤さん。頭にタオルを巻き、黒いTシャツに水色の短パン、ビーチサンダルというラフな姿で、第一印象は、海の家にいるお兄さんだった。

「初めまして！」と挨拶をしながら、僕の目は佐藤さんの耳に釘付けになった。釘が5本、刺さっていたからだ。もちろん、ファッションである。Tシャツの胸元には「エンジロウマニア」と書かれていた。このTシャツ、佐藤さんが独立してすぐの頃、作業着としてつくったそうで、色やデザインが違うものが20種類もあるという。いかつい風貌の佐藤さんだけど、「一枚売ってください！」と言うと「いやいや、必要ないでしょ？」と苦笑しながら、「サイズは？」と聞いてくれた。

手塩にかける

異色の職人、佐藤さんの話をする前に、塩について少し説明をしよう。海水の塩分は約3％で、1リットルの海水に含まれる塩は30グラム程度。この3％の塩を効率よく回収するために、日本では、ほぼすべての塩が機械でろ過した海水を釜で焚き上げ、蒸発させる方法でつくられている。

一方、佐藤さんが手掛ける完全天日塩は、太陽光と潮風を利用してつくる。ビニールハウスのなかで木箱に入れた海水を、自然の力で蒸発させるのだ。この方法だと、加熱処理した際に失われる海水のミネラルを残したまま結晶化するので、滋味豊かな味となる。

完全天日塩をつくる職人は日本に数えるほどしかいないが、さらに、完全天日塩のつくり方にも違いがあることはあまり知られていない。一般的に、完全天日塩をつくる際には海水をポンプでくみ上げ、内部にネットを張り巡らせた高さ数メートルの採かんタワーに放水する。海水はそのネットを伝って下に落ちていく。その間に海水が太陽光と風に晒されて、少しずつ蒸発していく。この作業を繰り返して、塩分濃度の高い「かん水」をつくる。そのかん水から塩をつくる業者がほとんどだ。

「田野屋塩二郎」にも採かんタワーがあるが、稼働させずに塩をつくることも多い。

「タワーを使うと、その過程で大事な養分が飛んじゃうし、余計ななにかが加わると思うんですよ。だから、なるべく海水からじかにつくるようにしています」

採かんタワーでつくったかん水を使うと数週間から1、2カ月程度で塩ができるそうだが、太陽熱と潮風のみで塩に仕上げようとすると、蒸発するスピードが遅いので、最低でも3カ月はかかる。その間、毎日1時間から1時間半に一度、木箱の海水を手で攪拌する。

夏場には、ビニールハウス内の温度が70度にも達する。そのなかでの、手作業だ。ちなみに、佐藤さんが塩をつくっている木箱は、およそ200個ある。それをひとつひとつ、見てまわる。想像するだけで、息が苦しくなってめまいがしそう。それでも、なるべく自然のままで、丁寧に、時間をかけて塩をつくる。これは、よくある職人の「こだわり」とは少し違う。「手塩にかける」という言葉そのままの、塩を育てる男の物語である。

消去法で選んだ仕事

１９７１年、東京で生まれた佐藤さん。塩に関係する家に生まれたわけでも、塩が特に好きだったわけでもない男が塩の道を選んだのは、「海」と「日本一」がキーワードだった。

子どもの頃から「一番じゃなきゃ嫌」という性格で、東京の大東文化大学第一高等学校に通っていた時は、ラグビーに打ち込んだ。二度、全国大会に進み、高校ラグビーの聖地・花園ラグビー場の芝を踏んだ。推薦で大東文化大学に進んだ後は、楕円の球を追いながら、サーフィンやスノーボードにもはまった。

なにしろ「一番じゃなきゃ嫌」なので、「普通のサラリーマン」になることは考えられず、就職活動は一切しなかった。その頃、スノーボードはまだ人気になる前で、競技人口が少なかったこともあり、「誰もやってないし、オリンピックに出られるかもしれない！」と考えた佐藤さんは、サーフボードやスノーボードを扱う店でアルバイトをしながら、スノーボードにのめり込んだ。冬場には何カ月も山にこもり、練習と大会に明け暮れた。

しかし、なかなか思うような成績が出ないまま、時は流れた。サーフショップの経営を任されるようになり仕事は順調だったが、30代も半ばを迎える頃に「飽きた」という。

「経営もさせてもらったし、ショップの仕事はもう上が見えないなと思って。人生で働ける年齢が70歳までと考えて、残りの半分、もう一度、日本一を目指してなにかやろうと考えたんですよ。あまり深く考えないというか、ゼロからやることが好きなんです」

さて、なんの仕事で日本一を狙おうか。サーフィンが趣味だから、海の近くでできる仕事がいい。思い浮かんだのが、塩の職人と漁師。最初は、マグロ漁のメッカ、青森の大間で漁師になってのし上がろうとも考えたが、船が意外なほど高額だったうえに、サーフィンをするには寒そうな土地である。それなら、と消去法で選んだのが塩の職人だった。

土下座して弟子入り

この時、佐藤さんは35歳。その時点で、塩についての知識は皆無だった。そこで「日本一になるためには日本一の職人のもとで学ぼう」と調べているうちに、ひとりの職人にたどり着いた。高知県の黒潮町《くろしおちょう》で完全天日塩をつくっていた吉田猛《よしだたけし》さんだ。

完全天日塩のパイオニアとも称される吉田さんの塩は全国的に高い評価を受けていて、国民的グルメ漫画の『美味しんぼ』や料理番組でも取り上げられていた。

どうしたら、弟子にしてもらえるか。「職人は面倒くさがりが多いから、電話をしたらあっさり断られるに違いない」と予想した佐藤さんは、いきなり黒潮町に飛んだ。そして、吉田さんの製塩所にアポなし訪問し、顔を見るなり土下座した。

「弟子にしてください」

しかし、吉田さんは佐藤さんを一瞥《いちべつ》すると、一言も声をかけずに立ち去った。それが悔しくて、一度東京に戻ると、最初の接触から3日後、再び黒潮町に行った。

「弟子にしてください」

二度目の土下座。その時は一言、二言、言葉を交わせたものの、弟子入りについては受け入れてもらえなかった。そこで翌週、また黒潮町に向かった。

「弟子にしてください」

三度目の土下座。それでも、ダメだった。

そこで、佐藤さんは思い切った方法で勝負に出た。三度目の土下座の後、不動産屋を訪ねて黒潮町にアパートを借りたのだ。東京に戻り、また黒潮町に来て四度目の土下座をした時、吉田さんにこう告げた。

「アパートも決まりました。来週、黒潮町に住民票を移して引っ越します。無給でいいから、2年間、塩づくりを見させてください」

目の前で4回も土下座し、勝手に退路を断ってきた男を見て、吉田さんはなにを感じたのだろうか。この日、ついに弟子入りが認められた。吉田さんにとって、初めての弟子だった。佐藤さんは、こう振り返る。

「一番の人に習って自分も日本一になろうと決めていましたからね。本気度を見せたと言ったらかっこいいですけど、こっちも意地ですよ。無視されて、腹が立って、絶対ここで修業してやると思ってました。10回でも20回でも頼み込もうと思っていたから、4回目でOKが出て、むしろ早いなって拍子抜けしたぐらいでしたね（笑）」

自分を追い込む修業の日々

２００７年、修業が始まった。師匠が塩をつくるビニールハウスに初めて足を踏み入れた瞬間、鳥肌が立ったという。

「なんていうんだろう、完全に違う世界でした。びっくりしましたね。昔から、塩は殺菌とか浄化に使われてきたじゃないですか。今思えばですよ、例えば悪いものがついていたのが、塩の力でワッと逃げ出したんじゃないかなって思います。別空間でしたよ」

初日に出してもらったご飯に、吉田さんの塩をまぶして食べた。それまで、塩なんてどれもそんなに変わらないだろうと思っていた佐藤さんの思い込みが覆された。

「これはうまい！　自分が知っている塩とは別物だ。色も違うし匂いも違う……」

塩が持つ力に魅せられた佐藤さんの胸のうちに、火がついた。吉田さんのもとでは、朝6時頃に仕事が始まり、15、16時頃に終わることが多かった。そこで佐藤さんは自主的に朝3時半には製塩所に出向き、トイレや部屋の掃除をした。薪風呂だったので、風呂を沸かすための薪割りも日課だった。

師匠と佐藤さんの関係は、独特だった。師匠が教えてくれたのは、基本的な作業だけ。そのあとは、「やってみなさい」と塩づくりを任された。佐藤さんも「聞いて覚えるより、自分で気づいたことのほうが身になる」と考え、必要最低限のことしか質問しなかった。その時、吉田さんのもとで修業していたのは佐藤さんひとりで、塩づくりについて相談する相手もいない。だから、全神経を注いで塩の状態を観察し、あらゆることをメモした。

仕事を終えるとアパートで2、3時間の仮眠をとって、工事現場で夜勤のアルバイトをした。夜中の2時頃に帰宅して、3時半には製塩所に行くというハードな日々が続いた。

土下座した時に「給料はいらいない」と伝えていたので修業時代は無給だったが、お金がなかったわけではない。むしろ、それまでのショップ経営で貯金がかなりあったから、アルバイトをする必要はなかった。

「追い込もうと思ったんですよ、自分を。ダラダラした時間が増えるとサーフィンに行きたくなるけど、波に乗るのは一人前になってからと決めてたんで、寝る時間だけの生活をしてやろうと思って。アルバイトは、地元の人から紹介してもらったトンネル工事をしてました。とにかく休みはいらないから毎日やらせてほしいってお願いしましたね」

夕方に仕事が終わった後、ボーッとしていては、日本一になれない。かといって、勝手に塩に触ることもできない。それなら、肉体を極限まで追い詰めることで、自分のやる気を自分で試してやろうと考えたのだろう。

自らハードスケジュールを課した佐藤さんだが、アパートにいる時だけは、自然と笑顔になった。

「家に帰った時に楽しみがないと辞めちゃうなと思って、ジャックラッセルテリアの子犬を飼い始めたんです。名前は太郎です」

ジャックラッセルテリアを検索したら小型のかわいらしい犬で、僕はなぜか少しホッとした。ストイックすぎる男の柔らかな「素」の部分が見えた気がしたからだ。

全財産を投じて製塩所をつくる

修業を始めて1年が経った頃、佐藤さんに変化が起きた。「塩の声」が聞こえてきたのだ。
「人の手とか体温ってみんな違うんで、誰かと同じようにやってもダメなんですよ。だから、吉田さんもなにをどう伝えたらいいのかわからない感じでしたね。自分の触り方というか自分なりの感覚をつかまないといけないので、とにかく毎日来て、見よう見まねで塩に触る。そうするうちに突然、塩と喋れるようになってくるんですよ。急に自転車に乗れるようになった感じです。会話している気になるっていうのが正解かもしれない」

塩と喋る。え？　と思うかもしれないが、もしかすると道を究める人に共通の感覚なのかもしれない。パリで自分の店を構え、一着100万円を超えるスーツをつくっているある日本人テーラーは、「糸と会話ができる」と言っていた。極限まで指先の感覚を対象に集中することで、わずかな変化を察知し、身体が自然とその変化に対応できるようになる。そういう状態を指すのではないだろうか。

「植物に話しかけると喜ぶっていうじゃないですか。そんな変なこと言うやつは気持ち悪いと思ってたんですけど、あながち間違いじゃないなって。もちろん人間の言葉で話しかけられるわけじゃないですけど、感覚的に喋ってる感覚というか、こうしてほしいと思ってるだろうという塩の気持ちはわかるようになりましたね」

もともと、師匠には「２年間、塩づくりを見させてください」と頼んでいたので、予定通り、２００９年に独立を決めた。その頃には、修業の日々のなかで書き記した「もっとこうしたらおいしい塩ができるんじゃないか」というアイデアのメモも溜まっていた。

製塩所をつくるにあたり、師匠も一緒に土地を探してくれたが、これが想像以上に難航した。高知県の西端に位置する大月町から土佐湾に面する町に片っ端からアプローチするも、「よそ者」「実績なし」で門前払い。ことごとく断られて、西側から東側に入り、東の端に近づいたところで、唯一、「日本一の塩をつくりたい」という佐藤さんの言葉に耳を傾けたのが田野町の役場だった。ほかの町で冷たくあしらわれていた佐藤さんは、「ここしかない！」と田野町に製塩所をつくることに決めた。

田野町と隣町の奈半利町の間には、奈半利川が流れている。緑豊かな山から流れてきた川が海にそそぎ、小魚や貝が育つ栄養豊富な汽水域で塩づくりできるようになったのは、偶然のたまものだった。

なんの後ろ盾もないよそ者にお金を貸してくれる金融機関もなかったので、佐藤さんは修業前の仕事で貯めていた4000万円の貯金をすべて投じて、自宅とビニールハウス2棟、かん水タワーを建てた。施設が完成した時、手元には10万円しか残っていなかった。

僕の感覚では、清水の舞台から飛び降りるような投資だ。「怖くなかったんですか?」と尋ねると、佐藤さんは「いやいや」と笑った。

「余裕を持ってたら、商売はうまくいかないですよ。逃げ道をなくせば、塩をつくるしかないでしょ。それに、施設さえできちゃえば、海水はタダ。僕ひとりだから人件費も必要ないし、あとは塩をつくって売るだけですから。もちろんすぐに売れる自信もあったしね」

誰もできないことをしてやろう

2009年9月、「田野屋塩二郎」旗揚げ。この屋号は、師匠の吉田さんが考えてくれたものだった。土地探しの際、方々で断られたこともあり、「全国に出ていった時に、田野という名前が出るようにしろ。名前を使って恩返ししろ」と言われたそうだ。

最初の1カ月、佐藤さんはビニールハウスで寝泊まりした。寝る間を惜しんで作業をしていたわけではない。

「それまでとは違う土地で、違う海水ですからね。一緒に過ごして会話しなきゃいけない。まず心を許してもらおうということです。日中は普通に仕事をしていましたけど、夜はビニールハウスに布団を敷いて寝ました。塩の音を聞いたり、匂いを感じたくて」

長い時間を共に過ごすことで、田野町の海水とはすぐに打ち解けたようだ。2、3カ月すると納得できる塩ができるようになった。その塩を「田野屋塩二郎」と記した黒いパッケージに入れて、近所の道の駅で売り始めた。

当時は誰も知らない「田野屋塩二郎」の塩だったが、道の駅などで「どうぞ舐めてください」「お弁当にかけていいですよ」と言って観光客に試食してもらうと、おいしい、おいしいと好評だった。東京出身者が塩をつくって売るのも、インパクトのある黒いパッケージも珍しいため、すぐにメディアから取材を受けた。それであっという間に名前が売れ、道の駅に置いておくだけで、100グラム1000円の塩が飛ぶように売れた。1日に10万円を売り上げたこともあったという。塩を仕入れたいと問い合わせも来るようになった。

開業して間もなく、「俺の塩は売れる！」と確信した佐藤さん。数カ月後、声をかけられて参加した塩のコンテストでも、1位になった。あまりにあっさりと優勝したので拍子抜けし、今度は「誰にもできないことをしてやろう」と考えた。

それは、「オーダーメイドのつくり分け」。日本には大小合わせて500軒以上の製塩所があると言われているが、「注文に応じて、味や結晶の大きさを変えるような塩のつくり分けはできない」というのが業界の常識だった。しかし、常識に染まっていない佐藤さんは「できないことはないだろう。きっとみんなやらないだけだ。その塩で店とダイレクトに取引するようになったら面白い」と考えた。

ここから、佐藤さんは新境地を拓いていく。

オーダーメイドの塩づくりがスタート

この頃、道の駅で売っていた塩の評判を聞きつけた東京や大阪などの料理人が、田野町を訪ねてくるようになっていた。話をしてみると、どんな塩を使ったらいいのか迷っている料理人が多いことがわかった。佐藤さんはカウンセリングをするように料理人がどんな料理にどんな塩を使いたいのかを聞き出し、それに合う塩をつくるようになった。

「なんの肉か、肉のどの部位か、産地はどこか、食べるのは子どもか大人か、どういう風に調理するのか、調理してから何分でお客さんに出すのか、塩を振るのはシェフなのかアルバイトなのかまで聞きます。それによって、塩の溶けやすさ、いつ香りを立たせるかとか調整が必要ですから。それで、サンプルを出してオッケーならそれを定期的に卸します。文句を言われたことはありません」

これまで誰も手を付けてこなかった「つくり分け」は、佐藤さんにとってそれほど難しいものではなかった。

「塩の結晶が大きかろうが小さかろうが、作業自体は大きく変わりませんし、テクニックじゃないんですよ。こう味付けたいならこうしなさいって塩が教えてくれる感じですから。僕は、味見もしません。例えばちょっと体調が悪かったり、季節でも味覚って変わるじゃないですか。味覚は頼りにならないので、見た目と匂いで判断します」

「塩との会話」については、正直に言って素人が理解するのは難しいが、塩との接し方から、佐藤さんの想いを知ることはできる。

「塩は生き物であり、僕の子どもです。常にそばにいて、なにかあった時はすぐに駆けつけるし、夜は静かに寝かせてあげなきゃいけません。だから、基本的に休みはないですね。夜、友だちと呑みに行っちゃうとか、塩を置いて出かけるとか、そんなことしてたら、一向に気を許してくれないですよ。塩には喜怒哀楽もあります。泣いてる時は、優しくしてあげるとかそんな風に接してきました。だから、気に入らない人には売らない。お前のところにお嫁になんか出すか！　って（笑）」
サーフショップのお兄さんのような風貌だし、「エンジロウマニア」Tシャツを何枚もつくるような遊び心もある佐藤さんだ

が、塩に対しては本当に真摯に向き合っている。「たまには遊びに行きたくならないんですか？」と尋ねると、「なんないっすね。塩の面倒を見なきゃいけないんで」と即答された。塩を「つくる」のではなく、わが子のように手塩にかけて育て上げているのだ。その「子どもたち」の多様性は、想像をはるかに超えるものだった。

塩の甘みは100段階あり、結晶の大きさは0・1ミリ単位から調整できる。これまでつくった最大の塩は30センチの結晶で、これは「海水を点滴みたいにぽたぽた垂らしながら」つくったそうだ。

甘みと結晶の大きさに加えて、風味も大きな特徴である。佐藤さんが塩をつくるビニールハウスをのぞかせてもらうと、そこはまるで実験室のようだった。ある木箱には、海水と一緒に藁が敷き詰められていた。塩ソフトクリームを売りにするある牧場からの依頼で、牛が食べている藁と同じ風味がする塩をつくっているのだという。たくさんのアーモンドが浮いている木箱もあった。「エベレストだかマッキンリーだかに行く人が持ってく」アーモンドにまぶす塩をつくってほしいというアーモンド業者からのオーダーだった。栄養価が高いアーモンドにミネラル豊富な佐藤さんの塩を加えて、登山の行動食にするのだ。

海の水が送られてきて、その海水で塩をつくってほしいという依頼もある。取材に行った日はプレートに「富山湾」と書かれた木箱があった。「地元の海でつくった塩」を求める富山のお寿司屋さんからのオーダーだ。

これまでの最高価格、1キロ100万円の塩は、どのように生まれたのだろうか？

「フランスのお高いレストランからの依頼でしたね。1年間、トリュフを海水につけて、トリュフの出汁をとるんです。海水は蒸発していくんで、つぎ足し、つぎ足しで。その出汁で塩をつくりました。塩全体がトリュフの味になるということではなくて、塩の結晶のなかにトリュフの風味を取り込むんです」

料理人の求めに応じて、ここまで自在に塩をつくることができる職人はほかにいない。佐藤さんの存在はあっという間に知れ渡り、国内外から注文が届くようになった。難しい依頼があればあるほど燃えるタイプで、相手が本気だとわかればどんな注文も断らなかった。

その結果、飲食店からのオーダーが全体の9割超を占めるようになり、売り上げは右肩上がりで伸びていった。今ではビニールハウスが4棟になり、200弱の木箱で常時100種類以上の塩がつくられている。木箱は常に埋まっていて、ひとつの塩が出荷されると、ウェイティングリストの１番目の塩づくりが始まる。その注文が途切れることはない。

地元の冷菓メーカーに塩を提供し、「完全天日塩　塩二郎使用」と記されたアイスも発売された。塩二郎の名前を使う場合は、そのロイヤリティも得ているという。

「生産者が上に立つような仕事、商品というのが面白いし、そういう商売のやり方が幸せなんじゃないですかね。汗流してるやつが一番上に立たなきゃいけないですよ」

ほかに類を見ない佐藤さんの塩づくりは、定期的にメディアに取り上げられるようになった。そのうち、料理人ではない一般の人の間でも「塩二郎の塩を使いたい」という声が高まった。そこで、業者を通して近所の道の駅に置いていた１００グラム１０００円の塩をオンラインで販売することにしたのだが、それも今は注文を受け付けていない。数年前、佐藤さんがテレビに出たことがきっかけで、なんと５０００個の注文が入ってしまったのだ。佐藤さんは「２年かけて、ようやく２０００個発送しました」と苦笑していた。

世界チャンピオンへの道のり

２０１６年10月29日、シンガポールの老舗５つ星ホテル、シャングリラ。「エンジロウマニア」Ｔシャツ姿の佐藤さんは、笑顔を浮かべながらも、「ぜんぜん嬉しくない」と思っていた。そこは、「にっぽんの宝物　ＪＡＰＡＮグランプリ」世界大会の表彰式の会場だった。

遡ること半年前の２０１６年４月、地方の生産者と異業種のコラボレーションでグルメ商品を開発する第１回「にっぽんの宝物　ＪＡＰＡＮグランプリ」が開催された。佐藤さんは、高知県南国市でお菓子づくりを手掛けている企業と組んで「田野屋塩二郎シューラスク」を開発し、この大会に参戦。地域予選を経て１０００を超える事業者のなかから選ばれた８組が集う全国大会に進出し、最高賞のグランドグランプリを受賞した。

この大会のトップ３だけが出場資格を得たのが、シンガポールで開かれる世界大会。シャングリラのシェフとコラボし、それぞれの商品をベースにアジアで受けるメニューを独自開発するのだが、この時、塩二郎チームは最優秀賞を逃して、優秀賞だった。佐藤さんはそれが気に入らなかったのだ。

「納得いかない……」

そう、佐藤さんは世界大会であろうと「一番じゃなきゃ嫌」な性格なのである。

シューラスク自体は、日本大会の最高賞受賞で一躍人気商品となり、２０１７年に開催されたお土産日本一を決める「おみやげグランプリ」では、４６２の商品がエントリーしたフード・ドリンク部門のグランプリに輝いた。

しかし、佐藤さんはシンガポールでの悔しさを忘れていなかった。「次こそは世界一を獲る」と狙いを定め、２０１９年、鰹節と同じ製法で鶏肉を加工してつくられる鶏節《とりぶし》に目をつけた。この時は、土佐市のリゾートホテルのレストランで働くシェフとコラボした。

「レストランに招待されて食事に行った時に、鶏節を使った料理が出てきたんです。これは面白いと思ったので、シェフに声をかけました」

佐藤さんは、ここで驚きの選択をした。すでに全国的に知名度のある「塩二郎の塩」ではなく、「塩二郎のにがり」を使うことにしたのだ。にがりとは、海水から食塩を結晶させた後に残る透明の苦い液体で、豆腐をつくるときなどに使用する。

佐藤さんは、大会に向けて専用のにがりをつくり、それに土佐郡大川村の土佐はちきん地鶏を漬け込んで、鶏節をつくった。シェフは、佐藤さんが「木鶏《もっけい》」と名付けたこの鶏節の出汁と削り節を使っただし茶漬けをつくり、２０１９年12月に開催された「にっぽんの宝物」グランプリに出品。地方予選を突破した47組が出場した全国大会で、再びグランドグランプリに輝いた。

この大会で二度も日本一になったのは、佐藤さんだけ。しかも、塩とにがりという違う素材での優勝は前代未聞の快挙だが、佐藤さんからすれば世界一への過程に過ぎない。

「ほかの参加者は完成品で出品するなかで、今回はなんにでも化けるような食材を持っていこうと思って、鶏節という素材で勝負しました。いろんな使い方があるんで、世界に持っていったら強いんですよ。木鶏は、世界一になるための商品なんです」

２０２０年２月に予定された世界大会は、新型コロナウイルスの影響で、１年延期になった。そのため、２０２１年の世界大会は、２０２０年の上位者と２０２１年の上位者が参加する、かつてないコンペティションになるようだ。当然、世界一へのハードルは高くなるが、佐藤さんは合同開催を歓迎している。

「倍ぐらいの出場者になるんで、よりやる気が増してますよ。楽しみですね」

新たな楽しみ

２００７年、35歳の時、「もう一度、日本一を目指してなにかやろう」と思い立ち、右も左もわからない塩の世界に踏み込んだ。それから13年の時を経て、塩の職人として世界の頂点を見据える今、佐藤さんのもとを訪ねてくるのは料理人だけではない。修業をしたいという若者が増えているのだ。それに合わせて、田野町が研修用に３棟のビニールハウスを建て、さらに独立希望者に貸し出すために２棟のハウスを用意した。佐藤さんの弟子のひとりは今年、土佐市に製塩所をつくる計画で、さらに４人が修業中。来年にはそのうちの２人が田野町で独立するという。

「塩に関しては、これ以上ないってくらいやり切った感があるけど、習いにくる若い子らをどう育てようかという楽しみは増えましたね。彼らも僕についてきてくれるんで、ちゃんと独立させなきゃいけないし」

取引先とのやり取りに弟子たちを同席させてブランドのつくり方、守り方など「商売のやり方」を見せているが、塩のつくり方に関しては「聞かれたら答えるけど、自分からは教えない」という方針を貫く。それはやはり、塩の声に耳を傾けてほしい、そこに答えがあると確信しているからだ。

「俺の塩よりうまいと思う塩はありません。世界で一番の塩だと思います。でもまだ一人前だとは思っていません。まだ早いかな」と笑う佐藤さん。雪のように真っ白で眩しく輝く塩を攪拌するその指先は、わが子の頬を撫でるように優しく、繊細だった。

そうそう、修業時代からの変化と言えば、犬が2頭増えて、3頭になった。1頭はペットショップで売れ残っていた犬を購入し、もう1頭は近所の道の駅で捨てられていた犬を引き取ったそうだ。

「一人前」への孤高の道を、佐藤さんは犬とともに歩む。

田野屋塩二郎
安芸郡田野町2703-6
TEL/0887-38-2028

おわりに

塩、パン、チーズ、おはぎ、ジェラート、ピーナッツバター、お茶、コーラ、ワイン、ラム酒。この書籍には、日本各地で「おいしいもの」をつくる10人が登場する。食の大国・日本には、おいしいものが溢れている。どういう基準で10人を選んだのか。それは、「常識に挑んでいるかどうか」。この10人は、それぞれの業界で小さな革命を起こしているイノベーターだ。

本書は、4つのウェブメディアで過去に掲載された7人に加えて、この書籍のために新たに3人に取材してまとめたものだ。7人に関しては再取材をして、もとの原稿の2倍になるぐらい加筆修正したから、「ウェブで読んだ」という方にも楽しんでもらえるだろう。

本書の執筆を進め始めた時に、新型コロナウイルスが発生した。本書の10人にもさまざまな影響を及ぼして、いろいろな変化が起きた。偶然のタイミングながら、そのことにも触れられたので、より深い内容になったと思う。

それぞれの物語の後には、QRコードが掲載されている。これはポプラ社の担当編集者・近藤さんの「読者の方も、本を読んだら、食べたい、飲みたい！　と思われるので、それぞれの方のホームページを載せられたら」というアイデアで、僕も大賛成した。この本に出てくる10人のイノベーターに倣って、というわけでもないが、記事を読んで気になった商品をすぐに買える新書は新しいと思う。せっかくなので、ぜひ注文していただき、その味を堪能しながら再読していただきたい。

どうせならこの後書きも楽しんでほしいので、裏話をひとつ。実は、この本の企画が決まった時点で、どの人を掲載するのか、確定していなかった。僕が、こんな人もいる、あんな人もいると言い続けたせいです（笑）。この書籍のサブタイトルにある、常識を超えて「おいしい」を生み出している人は、本書の10人以外にもまだまだいる。もちろん、僕が情報をキャッチできていない人もたくさんいるだろうから、僕はひとり勝手にこのテーマで第二弾、第三弾を妄想している。

改めて、この書籍に掲載された7本の記事は、クラシコムが運営するメディア「クラシコムジャーナル」、中川政七商店が運営するメディア「さんち～工芸と探訪～」、経済メディア「NewsPicks」、「東洋経済オンライン」に掲載されたものを大幅に加筆修正したものです。各メディアの担当編集者、そして書籍化に導いてくれたポプラ社の近藤純さん、産休に入った近藤さんの後を継いで世に送り出してくれた櫻岡美佳さんに厚く御礼申し上げます。

そして、この本に登場してくれた10名の方々。多忙のところ、何度も電話やメッセージに対応していただき、ありがとうございました。皆さんの言葉や行動から、僕もたくさんの刺激と勇気をもらいました。この本が皆さんの追い風になり、新たな科学反応を生み出すきっかけになることを願っています。取材にご協力いただき、ありがとうございました。再会の日を楽しみにしています。

令和2年　9月吉日　稀人ハンター　川内イオ

初出

ヒヨリブロート　塚本久美
・丹波の山奥にある「5年待ち」のパン屋。職人・塚本久美は旅をして、パンを焼く。（クラシコムジャーナル）
・3年待ちのパン屋「HIYORI BROT」に全国から食材が集まる理由（さんち～工芸と探訪～）
仙霊茶　野村俊介
・日本で数パーセント、無農薬のお茶づくりに挑戦。300年の茶園を継いだ元サラリーマン（さんち～工芸と探訪～）
グレイス・ラム　金城祐子
・元OLと泡盛レジェンド。世界唯一のラムを生む（NewsPicks）
伊良コーラ　小林隆英
・20代会社員が1人開発した「伊良コーラ」の正体　新商品の「瓶入りコーラ」は2万本が予約済み（東洋経済オンライン）
キスヴィン・ワイナリー醸造家　斎藤まゆ
・「ワイン界の神様」を唸らせた女性醸造家　斎藤まゆ。ガレージで歌い踊る、その理由。（クラシコムジャーナル）
チーズ工房【千】sen　柴田千代
・チーズ職人・柴田千代。月イチ営業で目指す世界の頂。（クラシコムジャーナル）